初歩からの
複素解析

香田温人
小野公輔
共著

学術図書出版社

まえがき

　本書は複素解析の初歩についてやさしくかつできるだけていねいに解説した複素解析の入門書である．入門書ということで，できるだけ少ない予備知識で読み進められるように配慮されている．その内容は複素数の導入から留数の実積分への応用までに厳選されている．

　複素解析（関数論，複素解析学）は，微分積分学や線形代数学を修得した学生が次に学習するのに適した内容であり，理工系の書物を理解するうえで重要な役割をはたしている．しかし，その修得にはある程度の忍耐と努力および反復学習はかかせない．

　本書では理論の厳密性をなるべく損なわないようにするためと数学的な考え方に慣れる訓練のためにできるだけ定理などの証明をつけるようにした．また，数多くの例，例題，問などを配置することで理論の全体像をつかみやすくするように心がけた．しかし，計算力の修得を優先したい場合や時間的制限がある場合には，証明や＊印の項目などを適宜とばして読みすすめてもよい．

　本書の特徴は，微分積分学を学習した学生が独学でも学習できるように，扱う内容をかなり絞り込んでいる点と，それらをやさしくかつできるだけていねいに解説し，その理解のために数多くの例，例題，問を配置している点にある．微分積分学の知識をいくぶん仮定してはいるが，問などを通して自然に復習できるように工夫しているので，すでに類書をもっている学習者にも参考書として利用されることをお勧めしたい．

　入門段階での複素解析の当面の目標としては，コーシーの積分定理と留数定理に尽きると考えられるので，その解説と実積分への応用には最大の力を注いで構成した．学習者が本書では扱えなかった内容にも興味をもち，さらに高度な段階にすすまれることを希望している．

本書の出版にあたって多くのすぐれた類書を参考にさせていただきました．また，出版を快く引き受けてくださいました学術図書出版社の高橋秀治氏をはじめ編集，校正，製本などのお世話をしていただいた方々に心からお礼申し上げます．

2004 年 12 月　著者

目次

第1章 複素関数 ... 1
- 1.1 複素数 ... 1
- 1.2 複素平面と極形式 ... 4
- 1.3 複素関数 ... 13
- 1.4 実変数の複素数値関数 ... 22

第2章 正則関数 ... 25
- 2.1 連続関数 ... 25
- 2.2 正則関数 ... 28
- 2.3 複素積分 ... 35
- 2.4 コーシーの積分定理 ... 42
- 2.5 実積分への応用 その1 ... 52

第3章 べき級数 ... 56
- 3.1 数列 ... 56
- 3.2 級数 ... 62
- 3.3 絶対収束級数 ... 67
- 3.4 べき級数 ... 72

第4章 級数展開 ... 76
- 4.1 テイラー展開 ... 76
- 4.2 ローラン展開 ... 86
- 4.3 留数定理 ... 91
- 4.4 実積分への応用 その2 ... 99

付　録 A	**118**
A.1　一様収束	118
A.2　正則関数の性質	123
答とヒント	**128**
索引	**140**

第1章　複素関数

1.1　複素数

♦ **虚数単位と複素数** ♦

本書では実数の性質は既知とする．

2次方程式 $x^2 = -1$ の解は実数の範囲にはないので，$i^2 = -1$ をみたす新しい数 i を導入し，数の概念を拡げる．この新しい数 i を**虚数単位**といい，実数 x, y に対して

$$x + iy \quad \text{または} \quad x + yi$$

の形で書かれる数を**複素数**という．$x + i(-y)$ は $x - iy$ とも書く．とくに，$y = 0$ のとき，$x + i0$ を実数 x と同一視する．このことにより実数は複素数とみなせる．また，$x = 0$ のとき，$0 + iy$ を**純虚数**といい，iy と書く．とくに $y = 1$ のとき，$1i$ を i と書く．すなわち

$$x = x + i0, \quad 0 = 0 + i0, \quad iy = 0 + iy, \quad 1i = i$$

複素数 $z = x + iy$ に対して，x を z の**実部**といい，${\rm Re}\, z$ と書き，y を z の**虚部**といい，${\rm Im}\, z$ と書く．$\sqrt{x^2 + y^2}$ を z の**絶対値**といい，$|z|$ と書く．$x - iy$ を**共役複素数**といい，$\bar{z}$ と書く．すなわち

$$\mathrm{Re}\, z = x, \quad \mathrm{Im}\, z = y, \quad |z| = \sqrt{x^2 + y^2}, \quad \bar{z} = x - iy$$

♦ **数の集合** ♦

自然数全体の集合を $\boldsymbol{N}$，整数全体の集合を $\boldsymbol{Z}$，実数全体の集合を $\boldsymbol{R}$，複素数全体の集合を $\boldsymbol{C}$ と書く．

ある数 x が集合 A に属するとき $x \in A$ または $A \ni x$ と書き，属さないと

き，$x \notin A$ または $A \not\ni x$ と書く．たとえば，$-1 \notin \boldsymbol{N}$，$-1 \in \boldsymbol{Z}$，$1+i \notin \boldsymbol{R}$，$1+i \in \boldsymbol{C}$ である．

集合 A が集合 B に含まれるとき $A \subset B$ または $B \supset A$ と書いて，A は B の部分集合であるという．とくに，包含関係 $\boldsymbol{N} \subset \boldsymbol{Z} \subset \boldsymbol{R} \subset \boldsymbol{C}$ が成り立つ．また，$A \subset B$ かつ $A \supset B$ のとき $A = B$ が成り立つ．

♦ 相等・四則演算 ♦

2 つの複素数 $z_1 = x_1 + iy_1$ と $z_2 = x_2 + iy_2$ は，実部と虚部がともに等しいとき，**等しい**といい，$z_1 = z_2$ と書く．すなわち

―――――――――――――――――――――――――――― 相等 ―
$$z_1 = z_2 \iff x_1 = x_2,\quad y_1 = y_2$$

複素数の四則演算 (和・差・積・商) を次のように定義する．

―――――――――――――――――――――――――――― 四則演算 ―
(1) 和： $(x_1 + iy_1) + (x_2 + iy_2) = (x_1 + x_2) + i(y_1 + y_2)$

(2) 差： $(x_1 + iy_1) - (x_2 + iy_2) = (x_1 - x_2) + i(y_1 - y_2)$

(3) 積： $(x_1 + iy_1)(x_2 + iy_2) = (x_1 x_2 - y_1 y_2) + i(x_1 y_2 + x_2 y_1)$

(4) 商： $\dfrac{x_1 + iy_1}{x_2 + iy_2} = \dfrac{x_1 x_2 + y_1 y_2}{x_2^2 + y_2^2} + i\dfrac{-x_1 y_2 + x_2 y_1}{x_2^2 + y_2^2}$

ただし，分母が 0 になる場合は考えない．

注意 四則演算 (1)〜(4) において，左辺は右辺の複素数で定義されているが，左辺を $x + iy$ の形に変形するときには，i を文字のように考えて通常の計算を行ない，i^2 が出てきたら -1 におきかえればよい．たとえば

$$z_1 z_2 = (x_1 + iy_1)(x_2 + iy_2) = x_1 x_2 + i(x_1 y_2 + x_2 y_1) + i^2 y_1 y_2$$
$$= (x_1 x_2 - y_1 y_2) + i(x_1 y_2 + x_2 y_1)$$

注意 $z_1 z_2 = 0$ ならば $z_1 = 0$ または $z_2 = 0$ となる．

例 1.1 複素数であることを確認するために，$x + iy$ の形に変形する．

(1) $(2+i)(1-3i) = 2 + (-6+1)i - 3i^2 = 5 - 5i$

(2) $\dfrac{2+i}{1+3i} = \dfrac{(2+i)(1-3i)}{(1+3i)(1-3i)} = \dfrac{5-5i}{1-9i^2} = \dfrac{1}{2} - \dfrac{1}{2}i$

ただし，$5-5i, \dfrac{1}{2}-\dfrac{1}{2}i$ のように実数の共通因数があるときは，$5(1-i), \dfrac{1}{2}(1-i)$ のように書いてもよい．(2) において分母を実数化するときには，分母の共役複素数を分母と分子に掛ければよい．

注意 a の k 個の積を a^k と書き，a の k 乗という．また，$a^0 = 1, a^{-1} = \dfrac{1}{a}$ とする．このとき，$a^{m+n} = a^m a^n, a^{m \cdot n} = (a^m)^n \ (m, n \in \mathbb{Z})$ が成り立つ．

問 1.1 次の複素数を $z = x + iy$ の形に変形せよ．
(1) $\dfrac{1}{i}$ (2) $\dfrac{1+i}{i} + \dfrac{i}{1+i}$ (3) $(1-i)^{10}$ (4) $(\cos\theta + i\sin\theta)^{-1}$

問 1.2 次をみたす実数 x, y を求めよ．
(1) $x + i(3+y) = y - x + 3 + ix - 2i$ (2) $\dfrac{x+3-iy}{x+2i} = \dfrac{4-5i}{2+i}$
(3) $(\alpha + i\beta)(x + iy) = 1 \ (\alpha, \beta \in \mathbb{R}, \alpha + i\beta \neq 0)$

♦ 複素数と共役複素数 ♦

複素数 $z = x + iy$ と $\bar{z} = x - iy$ に対して，$z + \bar{z} = 2x, z - \bar{z} = 2iy, z\bar{z} = x^2 - i^2 y^2 = x^2 + y^2$ だから次がわかる．

---
z と $\bar{z}$ の関係

$\mathrm{Re}\, z = x = \dfrac{1}{2}(z + \bar{z}), \qquad \mathrm{Im}\, z = y = \dfrac{1}{2i}(z - \bar{z})$

$|z|^2 = x^2 + y^2 = z\bar{z}$

$z = \bar{z} \iff z$ は実数

$z + \bar{z} = 0 \iff z$ は純虚数

複素数 z_1, z_2 に対して次が成り立つ．

命題 1.1

(1) $\overline{\overline{z_1}} = z_1$ (2) $\overline{z_1 + z_2} = \overline{z_1} + \overline{z_2}$

(3) $\overline{z_1 z_2} = \overline{z_1}\, \overline{z_2}$ (4) $\overline{\left(\dfrac{z_1}{z_2}\right)} = \dfrac{\overline{z_1}}{\overline{z_2}} \quad (z_2 \neq 0)$

問 1.3 $z = 3 - 4i, w = 2 + i$ とするとき，次の値を求めよ．
(1) $2z + 3w$ (2) $z\overline{w} + \overline{z}w$ (3) $\dfrac{1}{i}(z + \overline{w})$
(4) $\dfrac{|z|^2}{z\overline{w}}$ (5) $\dfrac{1}{z} + \dfrac{1}{w}$ (6) $\dfrac{z}{z + iw}$

問 1.4 次の複素数を z と $\overline{z}$ を使って書け．ただし，$z = x + iy$ とする．
(1) $x^2 - y^2 + 2ixy$ (2) $x^2 + 2x - y^2 + i(-2xy + 2y)$
(3) $x^3 - 3xy^2 + i(3x^2y - y^3)$ (4) $3x + i(x^2 + y^2 + 3y)$

1.2 複素平面と極形式

♦ 複素平面 ♦

実数 x に数直線上の点 x を対応させることによってすべての実数は数直線上の点と 1 対 1 に対応がつく．

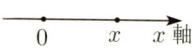

これと同様に，複素数 $z = x + iy$ に平面 $\boldsymbol{R}^2$ 上の点 (x, y) を対応させることによってすべての複素数は $\boldsymbol{R}^2$ 上の点と 1 対 1 に対応をつけることができる．このように $\boldsymbol{R}^2$ 上の各点が複素数を表すと考えた平面を **複素平面** または **ガウス平面** といい，$\boldsymbol{R}^2$ 上の点と複素平面上の点を同一視する．

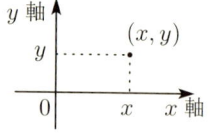

複素平面の x 軸上の点 $(x, 0)$ は実数 x を表し，y 軸上の点 $(0, y)$ は純虚数 iy を表しているので，複素平面では x 軸を **実軸** といい，y 軸を **虚軸** という．

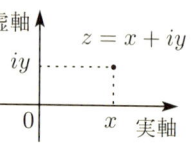

例 1.2 $1 + i, -1 + 2i, -2 - i, 1 - i$ を複素平面上に書くと左下図のようになる．

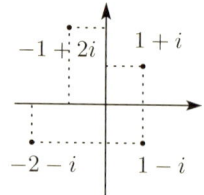
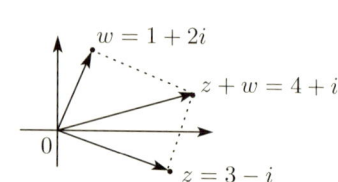

例 1.3 $z = 3 - i, w = 1 + 2i$ のとき，$z + w = 4 + i$ を複素平面上に書くと右上図のようになる．

問 1.5 次の複素数を複素平面上に書け．
(1) $i(1+i)$ (2) $(1+i)^3$ (3) $1+i^{-1}$ (4) $(1+i)^{-1}$

♦ **3角不等式** ♦

実数 x, y の絶対値に対して

$$|x| \leqq M \iff -M \leqq x \leqq M$$

$$|x+y| \leqq |x|+|y| \qquad (3角不等式)$$

が成り立つ．
複素数 z, w の絶対値に対しても3角不等式

$$|z+w| \leqq |z|+|w|$$

が成り立つ．さらに，この不等式から

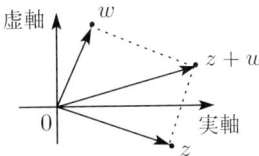

$$||z|-|w|| \leqq |z+w|$$

がわかる．実際

$$|z| = |(z+w)+(-w)| \leqq |z+w|+|w| \quad より \quad |z|-|w| \leqq |z+w|$$

$$|w| = |(-z)+(z+w)| \leqq |z|+|z+w| \quad より \quad -|z+w| \leqq |z|-|w|$$

だから $||z|-|w|| \leqq |z+w|$ を得る．

問 1.6 複素数 z, w に対して，次を示せ．
(1) $|z-w| \leqq |z|+|w|$ (2) $||z|-|w|| \leqq |z-w|$

問 1.7 複素数 $z = x+iy$ に対して，次を示せ．
(1) $|x| \leqq |z|$ かつ $|y| \leqq |z|$ (2) $|z| \leqq |x|+|y|$

♦ **極形式** ♦

$\boldsymbol{R}^2$ 平面上の点 (x, y) の極座標を (r, θ) とすると

$$x = r\cos\theta, \quad y = r\sin\theta$$

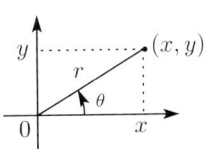

だから複素数 $z = x+iy$ は

$$z = r\cos\theta + ir\sin\theta = r(\cos\theta + i\sin\theta)$$

と書ける．このような表記を z の**極形式**という．

第1章 複素関数

──────── 極形式・絶対値 ────────
$$z = r(\cos\theta + i\sin\theta) \quad : z \text{ の極形式}$$
$$|z| = \sqrt{x^2 + y^2} = r \quad : z \text{ の絶対値}$$

また，θ を z の**偏角** (argument) といい，$\arg z$ と書く．

注意 $z = 0$ に対する偏角は考えない．$x \neq 0$ のとき $\arg z = \theta = \tan^{-1}\dfrac{y}{x}$．

z の1つの偏角を θ_0 とすると，一般に，z の偏角 $\arg z = \theta$ は

$$\theta = \theta_0 + 2n\pi \quad (n \text{ は整数})$$

となる．とくに，$-\pi < \theta \leqq \pi$ の範囲にある θ を**主値**という．

例 1.4 $z = 1 - \sqrt{3}i$ とする．z の絶対値は

$$|z| = \sqrt{1^2 + (-\sqrt{3})^2} = 2$$

また，$z = 2\left(\dfrac{1}{2} + \dfrac{-\sqrt{3}}{2}i\right)$ より

$$\cos\theta_0 = \frac{1}{2}, \quad \sin\theta_0 = \frac{-\sqrt{3}}{2}$$

$-\pi < \theta_0 \leqq \pi$ のとき $\theta_0 = -\dfrac{\pi}{3}$ だから z の偏角は

$$\arg z = -\frac{\pi}{3} + 2n\pi \quad (n \in \mathbf{Z})$$

z の極形式は

$$z = 2\left(\cos\left(-\frac{\pi}{3}\right) + i\sin\left(-\frac{\pi}{3}\right)\right) \left(= 2\left(\cos\frac{\pi}{3} - i\sin\frac{\pi}{3}\right)\right)$$

問 1.8 次の複素数の極形式を求めよ．
(1) $\sqrt{3} + i$ (2) $-1 + i$ (3) $-\dfrac{1 + \sqrt{3}i}{2}$ (4) $\dfrac{1 - \sqrt{3}i}{1 - i}$

問 1.9 n 次代数方程式

$$a_n z^n + a_{n-1} z^{n-1} + \cdots + a_1 z + a_0 = 0 \quad (a_k \in \mathbf{R})$$

が解 α をもつならば，$\overline{\alpha}$ も方程式の解となることを示せ．

複素数 $z_1 = r_1(\cos\theta_1 + i\sin\theta_1)$, $z_2 = r_2(\cos\theta_2 + i\sin\theta_2)$ の積と商を極形式で書くと次のようになる．

命題 1.2

(1) $z_1 z_2 = r_1 r_2 (\cos(\theta_1 + \theta_2) + i \sin(\theta_1 + \theta_2))$

(2) $\dfrac{z_1}{z_2} = \dfrac{r_1}{r_2} (\cos(\theta_1 - \theta_2) + i \sin(\theta_1 - \theta_2))$

【証明】 3角関数の加法定理より

$$(\cos\theta_1 + i \sin\theta_1)(\cos\theta_1 + i \sin\theta_2)$$
$$= (\cos\theta_1 \cos\theta_2 - \sin\theta_1 \sin\theta_2) + i(\sin\theta_1 \cos\theta_2 + \cos\theta_1 \sin\theta_2)$$
$$= \cos(\theta_1 + \theta_2) + i \sin(\theta_1 + \theta_2)$$

$$\frac{\cos\theta_1 + i \sin\theta_1}{\cos\theta_2 + i \sin\theta_2} = \frac{(\cos\theta_1 + i \sin\theta_1)(\cos\theta_2 - i \sin\theta_2)}{(\cos\theta_2 + i \sin\theta_2)(\cos\theta_2 - i \sin\theta_2)}$$
$$= \frac{(\cos\theta_1 \cos\theta_2 + \sin\theta_1 \sin\theta_2) + i(\sin\theta_1 \cos\theta_2 - \cos\theta_1 \sin\theta_2)}{\cos^2\theta_2 + \sin^2\theta_2}$$
$$= \cos(\theta_1 - \theta_2) + i \sin(\theta_1 - \theta_2)$$

が成り立ち，(1) と (2) を得る． □

♦ 絶対値と偏角 ♦

複素数 z_1, z_2 の絶対値と偏角について次が成り立つ．

命題 1.3

(1) $|z_1 z_2| = |z_1| |z_2|$ 　　　 (2) $\arg(z_1 z_2) = \arg z_1 + \arg z_2$

(3) $\left|\dfrac{z_1}{z_2}\right| = \dfrac{|z_1|}{|z_2|}$ 　　　 (4) $\arg\left(\dfrac{z_1}{z_2}\right) = \arg z_1 - \arg z_2$

【証明】 命題 1.2 (1) より

$$|z_1 z_2| = r_1 r_2 = |z_1| |z_2|, \quad \arg(z_1 z_2) = \theta_1 + \theta_2 = \arg z_1 + \arg z_2$$

命題 1.2 (2) より

$$\left|\frac{z_1}{z_2}\right| = \frac{r_1}{r_2} = \frac{|z_1|}{|z_2|}, \quad \arg\left(\frac{z_1}{z_2}\right) = \theta_1 - \theta_2 = \arg z_1 - \arg z_2$$

□

問 1.10* 3点 A(z_1), B(z_2), C(z_3) を頂点とする 3 角形 △ABC と 3 点 P(w_1), Q(w_2), R(w_3) を頂点とする 3 角形 △PQR が相似 △ABC ∽ △PQR であるための必要十分条件は

$$\frac{z_1 - z_2}{z_3 - z_2} = \frac{w_1 - w_2}{w_3 - w_2}$$

であることを示せ．

◆ ド・モアブルの公式 ◆

$z = \cos\theta + i\sin\theta$ は複素平面における単位円周上の点で

$$\begin{aligned}z^{-1} &= (\cos\theta + i\sin\theta)^{-1} \\ &= \cos(-\theta) + i\sin(-\theta) \\ &= \cos\theta - i\sin\theta = \overline{z}\end{aligned}$$

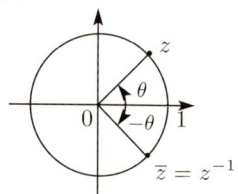

をみたす．さらに，次のド・モアブルの公式が成り立つ．

命題 1.4 (de Moivre の公式)

$$(\cos\theta + i\sin\theta)^n = \cos n\theta + i\sin n\theta \qquad (n \text{ は整数})$$

【証明】 (i) $n = 0$ のときは，左辺 $= 1 =$ 右辺．

(ii) n が自然数の場合：$n = 1$ のときは明らかに成り立つ．$n = k$ のとき成り立つと仮定すると

$$\begin{aligned}(\cos\theta + i\sin\theta)^{k+1} &= (\cos k\theta + i\sin k\theta)(\cos\theta + i\sin\theta) \\ &= \cos(k+1)\theta + i\sin(k+1)\theta\end{aligned}$$

となり，$n = k+1$ のときも成り立つ．よって，すべての自然数 n に対して成り立つ．

(iii) $n = -\ell$ (ℓ は自然数) の場合：(ii) を利用すると

$$\begin{aligned}(\cos\theta + i\sin\theta)^n &= (\cos\theta + i\sin\theta)^{-\ell} = (\cos\ell\theta + i\sin\ell\theta)^{-1} \\ &= \cos(-\ell\theta) + i\sin(-\ell\theta) = \cos n\theta + i\sin n\theta\end{aligned}$$

以上より，すべての整数 n について成り立つ． □

♦ 実関数のテイラー展開 ♦

微分積分学で学習したテイラー展開の公式より，$t \in \mathbf{R}$ に対して次が成り立つ．

--- $e^t, \cos t, \sin t \ (t \in \mathbf{R})$ のテイラー展開 ---
$$e^t = \sum_{n=0}^{\infty} \frac{1}{n!} t^n = 1 + t + \frac{1}{2!} t^2 + \frac{1}{3!} t^3 + \frac{1}{4!} t^4 + \frac{1}{5!} t^5 + \cdots$$
$$\cos t = \sum_{n=0}^{\infty} \frac{(-1)^n}{(2n)!} t^{2n} = 1 - \frac{1}{2!} t^2 + \frac{1}{4!} t^4 - \cdots$$
$$\sin t = \sum_{n=0}^{\infty} \frac{(-1)^n}{(2n+1)!} t^{2n+1} = t - \frac{1}{3!} t^3 + \frac{1}{5!} t^5 - \cdots$$

ここで，形式的に $t = i\theta \ (\theta \in \mathbf{R})$ を e^t のテイラー展開に代入してみると
$$e^{i\theta} = 1 + i\theta + \frac{1}{2!}(i\theta)^2 + \frac{1}{3!}(i\theta)^3 + \frac{1}{4!}(i\theta)^4 + \frac{1}{5!}(i\theta)^5 + \cdots$$
$$= \left(1 - \frac{1}{2!}\theta^2 + \frac{1}{4!}\theta^4 - \cdots\right) + i\left(\theta - \frac{1}{3!}\theta^3 + \frac{1}{5!}\theta^5 - \cdots\right)$$
$$= \cos\theta + i\sin\theta$$

を得る．

♦ オイラーの公式 ♦

単位円周上の複素数 $\cos\theta + i\sin\theta \ (\theta \in \mathbf{R})$ を $e^{i\theta}$ と書くことにする．

--- Euler の公式 ---
$$e^{i\theta} = \cos\theta + i\sin\theta \quad (\theta \in \mathbf{R})$$

複素数 $e^{i\theta} \ (\theta \in \mathbf{R})$ は次をみたす．

--- 命題 1.5 ---
(1) $|e^{i\theta}| = 1$ 　　(2) $(e^{i\theta})^{-1} = e^{-i\theta} = \overline{(e^{i\theta})}$ 　　(3) $(e^{i\theta})^n = e^{in\theta}$

【証明】(1) と (2) は直接計算すればわかる．(3) はド・モアブルの公式より
$$(e^{i\theta})^n = (\cos\theta + i\sin\theta)^n = \cos n\theta + i\sin n\theta = e^{in\theta} \qquad \square$$

さらに
$$e^{-i\theta} = \cos(-\theta) + i\sin(-\theta) = \cos\theta - i\sin\theta$$
であることに注意すると次が成り立つ．

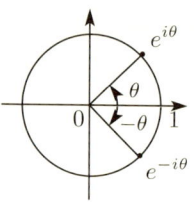

---- $\cos\theta, \sin\theta$ と $e^{i\theta}$ の関係 ----
$$\cos\theta = \frac{1}{2}(e^{i\theta} + e^{-i\theta}), \qquad \sin\theta = \frac{1}{2i}(e^{i\theta} - e^{-i\theta})$$

オイラーの公式より z の極形式は次のように書ける．

---- z の極形式 ----
$$z = r(\cos\theta + i\sin\theta) = re^{i\theta}$$

例 1.5 $z = 1 + \sqrt{3}i$ をオイラーの公式を用いて書くと
$$z = 2\left(\cos\frac{\pi}{3} + i\sin\frac{\pi}{3}\right) = 2e^{i\frac{\pi}{3}}$$

注意 命題 1.2 より $e^{i\theta_1}e^{i\theta_2} = e^{i(\theta_1+\theta_2)}$ が成り立つ．

問 1.11 次の複素数をオイラーの公式を用いて書け．
(1) $i(1-i)$ (2) $\dfrac{1+\sqrt{3}i}{i}$ (3) $\dfrac{1+i}{(1-i)^2}$ (4) $\dfrac{(\sqrt{3}+i)^3}{1-\sqrt{3}i}$

◆ 点の近傍 ◆

複素平面 $\boldsymbol{C}$ における点 a を中心とする半径 r の円周 $C_r(a) = \{z \in \boldsymbol{C} \mid |z-a| = r\}$ の内部 $U_r(a) = \{z \in \boldsymbol{C} \mid |z-a| < r\}$ を a の **r-近傍**または a の**近傍**などという．$C_r(a), U_r(a)$ をそれぞれ
$$C_r(a) : |z-a| = r, \qquad U_r(a) : |z-a| < r$$
などと略記することもある．

◆ 内点・外点・境界点 ◆

A を複素平面 $\boldsymbol{C}$ の部分集合とするとき，複素数は次の 3 種類に分類できる．

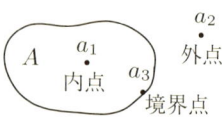

(I) A の**内点**:
   $a_1 \in A$ かつ十分小さな正数 $r > 0$ がとれて $U_r(a_1) \subset A$ とできるとき, a_1 を A の内点という.

(II) A の**外点**:
   a_2 が A の補集合 $A^c\,(=\boldsymbol{C} \setminus A)$ の内点であるとき, a_2 を A の外点という.

(III) A の**境界点**:
   a_3 が A の内点でも外点でもないとき, a_3 を A の境界点という.

♦ **孤立点・集積点** ♦

集合 $A\,(\subset \boldsymbol{C})$ に対して, 次の 2 種類の点も考えられる.

(1) A の**孤立点**:
   $a \in A$ かつ $U_r(a) \cap A = \{a\}$ をみたす十分小さな正数 $r > 0$ がとれるとき, a を A の孤立点という.

(2) A の**集積点**:
   任意の $\varepsilon > 0$ に対して $U_\varepsilon(b) \cap (A \setminus \{b\}) \neq \emptyset$ となるとき, b を A の集積点という.

注意 A の孤立点 a の十分小さな近傍には a 以外の A の点は含まれないが, A の集積点 b の近傍には A の点がいくらでもある.

♦ **内部・外部・境界** ♦

集合 A の内点全体の集合を A の**内部**, 外点全体の集合を A の**外部**, 境界点全体の集合を A の**境界**という. また, A の内部を A^i と書き, 境界を ∂A と書く. $A \cup \partial A$ を A の**閉包**といい, $\overline{A}$ と書く.

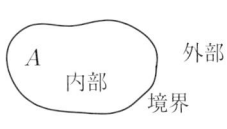

注意 $\overline{A} = A \cup \partial A = A \cup \{A$ の集積点全体$\}$ が成り立つ.

注意 包含関係 $A^i \subset A \subset \overline{A}$ が成り立つ.

例 1.6 $A = \{z \in \mathbf{C} \mid 1 < |z| \leqq 2\}$ のとき

$$A^i = \{z \in \mathbf{C} \mid 1 < |z| < 2\}$$
$$\partial A = \{z \in \mathbf{C} \mid |z| = 1\} \cup \{z \in \mathbf{C} \mid |z| = 2\}$$
$$\overline{A} = \{z \in \mathbf{C} \mid 1 \leqq |z| \leqq 2\}$$

問 1.12 次の集合 A の内部・境界・閉包を求めよ．
(1) $A = \{z \in \mathbf{C} \mid -1 \leqq \operatorname{Re} z \leqq 1,\ 2 \leqq \operatorname{Im} z \leqq 3\}$
(2) $A = \{z \in \mathbf{C} \mid 1 < |z| \leqq 2,\ 0 \leqq \arg z \leqq \pi/4\}$
(3) $A = \{z \in \mathbf{C} \mid |z| > 1,\ \operatorname{Re} z \leqq 0,\ \operatorname{Im} z \geqq 0\}$

♦ **開集合・閉集合** ♦

$A = A^i$ が成り立つとき，A を**開集合**といい，$A = \overline{A}$ が成り立つとき，A を**閉集合**という．

例 1.7
(1) $\{z \in \mathbf{C} \mid 1 < |z| < 2\}$ は開集合
(2) $\{z \in \mathbf{C} \mid 1 \leqq |z| \leqq 2\}$ は閉集合
(3) $\{z \in \mathbf{C} \mid 1 < |z| \leqq 2\}$ は開集合でも閉集合でもない

♦ **領域** ♦

集合 A の任意の 2 点が A に含まれる折れ線 (線分を有限個つなぎ合わせたもの) によって結ぶことができるとき，A は (弧状) **連結**であるという．

連結な開集合を**領域**という．また，領域 D の閉包 $\overline{D}$ を**閉領域**という．

例 1.8 次の集合は領域である．

(1) 開円板 $\{z \in \mathbf{C} \mid |z - a| < R\}$
(2) 円環領域 $\{z \in \mathbf{C} \mid 0 \leqq R_1 < |z - a| < R_2\}$
(3) 上半平面 $\{z \in \mathbf{C} \mid \operatorname{Im} z > 0\}$
(4) 角領域 $\{z \in \mathbf{C} \mid z \neq 0,\ 0 < \arg z < \theta\}$
(5) 帯状領域 $\{z \in \mathbf{C} \mid y_1 < \operatorname{Im} z < y_2\}$

問 1.13 例 1.8 (1)〜(5) を複素平面上に図示せよ．

1.3 複素関数

複素平面の点集合 D の各点 z に対して,複素数 w を対応させる対応関係 f を**複素関数**[1]といい

$$w = f(z)$$

と書く.z の動く範囲 D を関数 f の**定義域**といい,w の動く範囲を f の**値域**という.f の定義域が D であるとき,f の値域を $f(D)$ と書く.

$$f(D) = \{f(z) \in \boldsymbol{C} \mid z \in D\}$$

z と w はそれぞれ複素平面上を動くが,それらを区別するために,z の動く平面を $\boldsymbol{z}$**-平面**,w の動く平面を $\boldsymbol{w}$**-平面**ということもある.

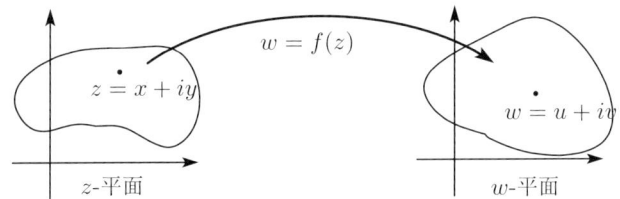

関数 $w = f(z)$ において,$z = x + iy, w = u + iv$ とすると,u, v はそれぞれ x と y の2変数の実関数となり

$$\begin{aligned} f(z) = w = u + iv, \quad u = u(x, y), \quad v = v(x, y) \\ = u(x, y) + iv(x, y) \end{aligned}$$

と書ける.

例 1.9 $w = z^2 \ (z = x + iy)$ に対して,$w = u + iv$ とすると

$$u + iv = (x + iy)^2 = (x^2 - y^2) + i(2xy)$$

よって,$u = x^2 - y^2, v = 2xy$ となる.

問 1.14 $z = x + iy, w = u + iv$ とするとき,次の u, v を x, y で書け.

(1) $w = z^3$ \qquad (2) $w = (z - 3)^2$ \qquad (3) $w = (z + i)(z - 2)$

---

[1] 微分積分学で学習した**実関数**は,実数 (または実数の組) に対して実数を対応させる対応関係である.

例 1.10 $f(z) = z+1-i$ の定義域が $D = \{z \in \boldsymbol{C} \mid 1 < \operatorname{Re} z < 2,\ \operatorname{Im} z > 0\}$ であるとき，f の値域は $f(D) = \{w \in \boldsymbol{C} \mid 2 < \operatorname{Re} w < 3,\ \operatorname{Im} w > -1\}$ となる．

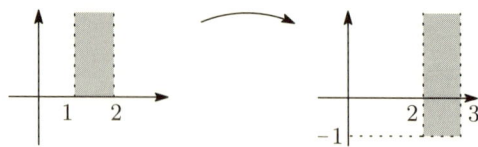

実際，$z = x + iy\ (1 < x < 2,\ y > 0),\ w = f(z) = u + iv$ とおくと，$w = (x + iy) + 1 - i = (x+1) + i(y-1)$ より

$$u = x + 1\quad (2 < u < 3),\qquad v = y - 1\quad (v > -1)$$

よって，$f(D) = \{w = u + iv \mid 2 < u < 3,\ v > -1\}$ となる．

例 1.11 $f(z) = z^2$ の定義域が $D = \{z \in \boldsymbol{C} \mid |z| \leqq 2,\ \operatorname{Re} z \geqq 0,\ \operatorname{Im} z \geqq 0\}$ であるとき，f の値域は $f(D) = \{w \in \boldsymbol{C} \mid |w| \leqq 4,\ \operatorname{Im} w \geqq 0\}$ となる．

実際，$D = \{z = re^{i\theta} \mid 0 \leqq r \leqq 2,\ 0 \leqq \theta \leqq \pi/2\}$ と書けるから，$z = re^{i\theta}$ $(0 \leqq r \leqq 2,\ 0 \leqq \theta \leqq \pi/2),\ w = f(z) = Re^{i\phi}$ とおくと，$w = z^2 = r^2 e^{2i\theta}$ より

$$R = r^2\quad (0 \leqq R \leqq 4),\qquad \phi = 2\theta\quad (0 \leqq \phi \leqq \pi)$$

よって，$f(D) = \{w = Re^{i\phi} \mid 0 \leqq R \leqq 4,\ 0 \leqq \phi \leqq \pi\}$ となる．

> **問 1.15** 次の関数 $f(z)$ の値域 $f(D)$ を求め，図示せよ．
> (1) $f(z) = 3z - 1 - i,\quad D = \{z \in \boldsymbol{C} \mid -1 < \operatorname{Re} z < 1,\ 0 < \operatorname{Im} z < 2\}$
> (2) $f(z) = z^2,\quad D = \{z \in \boldsymbol{C} \mid 1 \leqq |z| \leqq 2,\ 0 \leqq \arg z \leqq \pi/4\}$
> (3) $f(z) = z^3,\quad D = \{z \in \boldsymbol{C} \mid |z| \leqq 2,\ \operatorname{Re} z \geqq 0,\ \operatorname{Im} z \geqq 0\}$

♦ C^r 級 ♦

複素関数 $f(z) = u(x,y) + iv(x,y)$ の実変数 $x,\ y$ に関する偏導関数 $f_x,\ f_y$ を次で定義する．

――――偏導関数 f_x, f_y―――
$$f_x = \frac{\partial f}{\partial x} = \frac{\partial u}{\partial x} + i\frac{\partial v}{\partial x}, \qquad f_y = \frac{\partial f}{\partial y} = \frac{\partial u}{\partial y} + i\frac{\partial v}{\partial y}$$

u, v が C^r 級である[2]とき，f は C^r 級であるという．

♦ 多価関数 ♦

$w = f(z)$ において，各点 z に対して

(i) 1つの w が対応しているとき，$w = f(z)$ は **1価関数**

(ii) n 個 $(n \geqq 2)$ の w が対応しているとき，$w = f(z)$ は **n 価関数**

(iii) 無限に多くの w が対応しているとき，$w = f(z)$ は **無限多価関数**

であるという．(ii), (iii) の場合をまとめて**多価関数**であるという．

例 1.12 複素数 $z\,(\neq 0)$ に対して定義されている偏角 $\arg z$ は z の無限多価関数である．

基本的な複素関数について考察する．

♦ べき関数 z^n $(n \in \boldsymbol{N})$ ♦

$z = re^{i\theta}$ とすると，$z^n = (re^{i\theta})^n = r^n e^{in\theta}$ だから $w = z^n$ をみたす w は

$$|w| = r^n, \qquad \arg w = n\theta$$

として一意的に定まる．関数 $f(z) = z^n$ は1価関数である．

♦ べき根関数 $\sqrt[n]{z} = z^{\frac{1}{n}}$ $(n \in \boldsymbol{N})$ ♦

$w^n = z\,(\neq 0)$ をみたす w を z の **n 乗根**といい，$\sqrt[n]{z}$ または $z^{\frac{1}{n}}$ と書く．とくに，$n = 2$ のとき**平方根**といい，$\sqrt{z}$ と略記する．また，$n = 3$ のとき**立方根**という．

$w^n = z\,(\neq 0)$ のとき，$z = re^{i\theta}, w = Re^{i\phi}$ とすると

$$R^n e^{in\phi} = re^{i\theta} = re^{i(\theta + 2k\pi)} \quad (k \in \boldsymbol{Z})$$

だから $R^n = r, n\phi = \theta + 2k\pi\,(k \in \boldsymbol{Z})$ となるが，偏角の異なるものは全部で n 個あるから，$w^n = z\,(\neq 0)$ をみたす w は

---

[2] 2変数の実関数 $u(x, y)$ の x, y に関する r 次までの偏導関数 $\dfrac{\partial^{m+n} u}{\partial x^m \partial y^n}$ $(0 \leqq m + n \leqq r)$ が存在して連続であるとき，u は C^r 級であるという．

$$R = \sqrt[n]{r}, \quad \phi = \frac{\theta + 2k\pi}{n} \quad (k = 0, 1, \cdots, n-1)$$

として n 個与えられる．ただし，$\sqrt[n]{r}$ は実数の意味での n 乗根である．

定理 1.6

$z = re^{i\theta} (\neq 0)$ の n 乗根 $\sqrt[n]{z}$ は次の n 個である．

$$\sqrt[n]{z} = \sqrt[n]{r} e^{i\frac{\theta + 2k\pi}{n}} \quad (k = 0, 1, \cdots, n-1)$$

$$= \sqrt[n]{r}\left(\cos\frac{\theta + 2k\pi}{n} + i\sin\frac{\theta + 2k\pi}{n}\right) \quad (k = 0, 1, \cdots, n-1)$$

注意 $\sqrt[n]{z} = \left(re^{i\theta}\right)^{\frac{1}{n}} = \left(re^{i(\theta + 2k\pi)}\right)^{\frac{1}{n}} = \sqrt[n]{r} e^{i\frac{\theta + 2k\pi}{n}}$
$(k = 0, 1, \cdots, n-1)$ と記憶すればよい．

注意 $z_k = \sqrt[n]{r} e^{i\frac{\theta + 2k\pi}{n}} \ (k = 0, 1, \cdots, n-1)$ は円周 $|z| = \sqrt[n]{r}$ 上を偏角 $\dfrac{\theta}{n}$ の点 z_0 を出発して円周を n 等分する点を順に $z_0, z_1, \cdots, z_{n-1}$ と並べたものである．

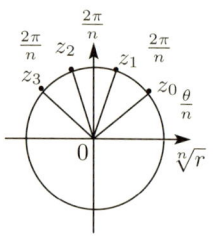

関数 $f(z) = \sqrt[n]{z}$ は $f(z)^n = z$ をみたす n 価関数である．

例 1.13 $z = 2 (= 2 + i0)$ の平方根 $\sqrt{z}$ は，$2 = 2e^{i0} = 2e^{2k\pi i} \ (k \in \mathbf{Z})$ より

$$\sqrt{z} = \left(2e^{2k\pi i}\right)^{\frac{1}{2}} = \sqrt{2} e^{k\pi i} \quad (k = 0, 1)$$
$$= \sqrt{2} e^0, \ \sqrt{2} e^{\pi i} = \sqrt{2}, \ -\sqrt{2}$$

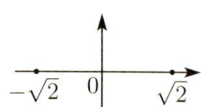

例 1.14 $z = 1 (= 1 + i0)$ の n 乗根 $\sqrt[n]{z}$ は，$1 = 1e^{i0} = e^{2k\pi i} (k \in \mathbf{Z})$ より

$$\sqrt[n]{z} = \left(e^{2k\pi i}\right)^{\frac{1}{n}} = \left(e^{i\frac{2\pi}{n}}\right)^k \quad (k = 0, 1, \cdots, n-1)$$

よって，$\omega = e^{i\frac{2\pi}{n}}$ とおくと

$$\sqrt[n]{z} = 1, \omega, \omega^2, \cdots, \omega^{n-1}$$

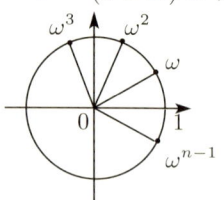

例 1.15 $z = i$ の立方根 $\sqrt[3]{z}$ は，$i = 1e^{i\frac{\pi}{2}} = e^{i\left(\frac{1}{2} + 2k\right)\pi} \ (k \in \mathbf{Z})$ より

$$\sqrt[3]{z} = \left(e^{i\left(\frac{1}{2}+2k\right)\pi}\right)^{\frac{1}{3}} = e^{i\frac{1+4k}{6}\pi} \quad (k=0,1,2)$$
$$= e^{i\frac{\pi}{6}},\ e^{i\frac{5}{6}\pi},\ e^{i\frac{3}{2}\pi}$$
$$= \frac{1}{2}(\sqrt{3}+i),\ \frac{1}{2}(-\sqrt{3}+i),\ -i$$

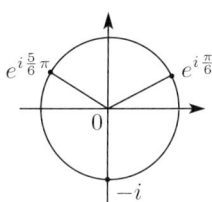

問 1.16 次を求めよ．
(1) $z=i$ の平方根 $\sqrt{z}$ 　　(2) $z=-i$ の平方根 $\sqrt{z}$
(3) $z=-i$ の立方根 $\sqrt[3]{z}$ 　(4) $z=-1$ の 6 乗根 $\sqrt[6]{z}$

例題 1.16 $z^3+1=0$ の解を求めよ．

【解答】 $z^3 = -1 = 1e^{i\pi} = e^{i(1+2k)\pi}\ (k\in\mathbb{Z})$ だから
$$z = \left(e^{i(1+2k)\pi}\right)^{\frac{1}{3}} = e^{i\frac{1+2k}{3}\pi} \quad (k\in\mathbb{Z})$$
異なるものは 3 個だから
$$z = e^{i\frac{1+2k}{3}\pi} \quad (k=0,1,2)$$
$$= e^{i\frac{\pi}{3}},\ e^{i\pi},\ e^{i\frac{5}{3}\pi}$$
$$= \frac{1}{2}(1+\sqrt{3}i),\ -1,\ \frac{1}{2}(1-\sqrt{3}i)$$

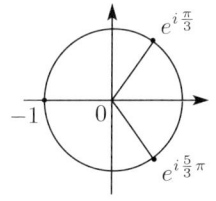

別解：$z^3+1=(z+1)(z^2-z+1)=0$ を利用すると $z+1=0$ または $z^2-z+1=0$ だから解は $z=-1, \frac{1}{2}(1\pm\sqrt{3}i)$ となる． □

問 1.17 次の方程式の解を求めよ．
(1) $z^4+16=0$ 　(2) $z^6-1=0$ 　(3) $z^5+z^4+z^3+z^2+z+1=0$

問 1.18 ω を 1 の n 乗根の 1 つとするとき，$1+\omega+\omega^2+\cdots+\omega^{n-1}$ の値を求めよ．

♦ **指数関数 $e^z = \exp z$** ♦

オイラーの公式 $e^{i\theta} = \cos\theta + i\sin\theta\ (\theta\in\mathbb{R})$ に注意して，$z=x+iy$ に対する指数関数 e^z ($\exp z$ とも書く) を次で定義する．

―――― 指数関数の定義 ――――
$$e^z = e^{x+iy} = e^x e^{iy} = e^x(\cos y + i\sin y)$$

注意 e^z は $y=0$ のとき $e^z = e^x$ となるから e^z の実数の指数関数 e^x の拡張になっている．指数関数 $f(z) = e^z$ は 1 価関数である．

例 1.17 次を $x + iy$ の形で書くと

$$e^{-1+i\frac{\pi}{2}} = e^{-1}e^{i\frac{\pi}{2}} = e^{-1}\left(\cos\frac{\pi}{2} + i\sin\frac{\pi}{2}\right) = ie^{-1}$$

$$e^{1-i\frac{\pi}{2}} = \left(e^{-1+i\frac{\pi}{2}}\right)^{-1} = \left(ie^{-1}\right)^{-1} = -ie$$

問 1.19 次を $x + iy$ の形で書け．
(1) $e^{1+i\frac{\pi}{4}}$ (2) $e^{-1-i\frac{\pi}{4}}$ (3) $e^{-2+i\frac{\pi}{3}}$ (4) $e^{2-i\frac{\pi}{3}}$

定理 1.7

複素数 z_1, z_2, z に対して，次が成り立つ．
(1) $e^{z_1+z_2} = e^{z_1}e^{z_2}$ (2) $e^{z+2k\pi i} = e^z$ $(k \in \mathbf{Z})$

【証明】(2) のみ示す．オイラーの公式より

$$e^{z+2k\pi i} = e^z e^{2k\pi i} = e^z(\cos 2k\pi + i\sin 2k\pi) = e^z$$ □

問 1.20 定理 1.7 (1) を示せ．

注意 定理 1.7 (1) より $(e^z)^n = e^{nz}$ $(z \in \mathbf{C}, n \in \mathbf{Z})$ がわかる．

♦ 3 角関数 $\cos z, \sin z$ ♦

オイラーの公式より

$$\cos\theta = \frac{1}{2}(e^{i\theta} + e^{-i\theta}), \qquad \sin\theta = \frac{1}{2i}(e^{i\theta} - e^{-i\theta})$$

が成り立つことに注意して，複素数 z に対する 3 角関数を次で定義する．

---
3 角関数の定義

$$\cos z = \frac{1}{2}\left(e^{iz} + e^{-iz}\right), \quad \sin z = \frac{1}{2i}\left(e^{iz} - e^{-iz}\right), \quad \tan z = \frac{\sin z}{\cos z}$$

例 1.18 次を $x + iy$ の形で書くと，例 1.17 より

$$\cos\left(\frac{\pi}{2} + i\right) = \frac{1}{2}\left(e^{-1+i\frac{\pi}{2}} + e^{1-i\frac{\pi}{2}}\right) = \frac{i}{2}\left(e^{-1} - e\right)$$

1.3 複素関数

問 1.21 次を $x+iy$ の形で書け.
(1) $\cos\left(\dfrac{\pi}{4}-i\right)$ (2) $\sin\left(\dfrac{\pi}{4}-i\right)$ (3) $\cos\left(\dfrac{\pi}{3}-2i\right)$ (4) $\sin\left(\dfrac{\pi}{3}-2i\right)$

定理 1.8

複素数 z, z_1, z_2 と整数 k に対して次が成り立つ.

(1) $\cos(-z) = \cos z$ (2) $\sin(-z) = -\sin z$

(3) $\cos(z+2k\pi) = \cos z$ (4) $\sin(z+2k\pi) = \sin z$

(5) $\cos(z_1+z_2) = \cos z_1 \cos z_2 - \sin z_1 \sin z_2$

(6) $\sin(z_1+z_2) = \sin z_1 \cos z_2 + \cos z_1 \sin z_2$

(7) $\sin^2 z + \cos^2 z = 1$ (8) $1 + \tan^2 z = \dfrac{1}{\cos^2 z}$

【証明】 (5) のみ示す.

$\cos z_1 \cos z_2 - \sin z_1 \sin z_2$

$= \dfrac{1}{2}\left(e^{iz_1}+e^{-iz_1}\right)\dfrac{1}{2}\left(e^{iz_2}+e^{-iz_2}\right) - \dfrac{1}{2i}\left(e^{iz_1}-e^{-iz_1}\right)\dfrac{1}{2i}\left(e^{iz_2}-e^{-iz_2}\right)$

$= \dfrac{1}{2}\left(e^{i(z_1+z_2)}+e^{-i(z_1+z_2)}\right) = \cos(z_1+z_2)$ □

問 1.22 定理 1.8 を証明せよ.

注意 実数の意味での 3 角関数の性質 $|\sin\theta| \leqq 1, |\cos\theta| \leqq 1\ (\theta \in \boldsymbol{R})$ は,複素関数としての 3 角関数では成り立たない.たとえば,$|\cos i| = \dfrac{1}{2}(e^{-1}+e) > 1$ である.

♦ 双曲線関数 $\cosh z, \sinh z^*$ ♦

複素数 z に対する双曲線関数 (hyperbolic cosine, hyperbolic sine) を次で定義する.

双曲線関数の定義

$$\cosh z = \dfrac{1}{2}(e^z+e^{-z}), \qquad \sinh z = \dfrac{1}{2}(e^z-e^{-z})$$

次が成り立つ.

第1章 複素関数

命題 1.9

(1) $\cosh iz = \cos z$ (2) $\sinh iz = i\sin z$

(3) $\cos iz = \cosh z$ (4) $\sin iz = i\sinh z$

(5) $\cosh^2 z - \sinh^2 z = 1$

問 1.23 命題 1.9 を証明せよ．

♦ **対数関数 $\log z$** ♦

$e^w = z\,(\neq 0)$ をみたす w を z の**対数**といい，$\log z$ と書く．$e^w = z\,(\neq 0)$ のとき，$z = re^{i\theta}$, $w = u+iv$ とすると

$$e^{u+iv} = re^{i\theta} = re^{i(\theta+2k\pi)} \quad (k \in \mathbf{Z})$$

だから $e^w = z\,(\neq 0)$ をみたす w は，$e^u = r, v = \theta + 2k\pi\,(k \in \mathbf{Z})$ すなわち

$$u = \log r, \quad v = \theta + 2k\pi \quad (k \in \mathbf{Z})$$

として無限個得られる．ただし，$\log r$ は実数の意味の自然対数である．

定理 1.10

$z = re^{i\theta}\,(\neq 0)$ の対数 $\log z$ は次で与えられる．

$$\log z = \log r + i(\theta + 2k\pi) \quad (k \in \mathbf{Z})$$
$$= \log|z| + i\arg z$$

注意 $\log z = \log re^{i\theta} = \log re^{i(\theta+2k\pi)} = \log r + i(\theta+2k\pi)\log e = \log r + i(\theta+2k\pi)\,(k \in \mathbf{Z})$ と記憶すればよい．

対数関数 $f(z) = \log z$ は無限多価関数である．

$-\pi < \theta + 2k\pi \leqq \pi$ をみたす k を定めれば，$f(z) = \log z$ は 1 価関数となる．これを対数関数の**主値**といい，$\mathrm{Log}\,z$ と書く．

例 1.19 $z = -2\,(= -2 + i0)$ のとき，$\log z$ は $z = 2e^{i(1+2k)\pi}\,(k \in \mathbf{Z})$ より

$$\log z = \log 2 + i(1+2k)\pi \quad (k \in \mathbf{Z})$$

例 1.20
$z = 2i$ のとき, $\log z$ は $z = 2e^{i(\frac{1}{2}+2k)\pi}$ $(k \in \mathbf{Z})$ より
$$\log z = \log 2 + i\left(\frac{1}{2} + 2k\right)\pi \quad (k \in \mathbf{Z})$$

問 1.24 次を $x + iy$ の形で書け.
(1) $\log i$ (2) $\log(-i)$ (3) $\log(1+i)$ (4) $\log(1-i)$

注意 実数の意味での対数法則 $\log(r_1 r_2) = \log r_1 + \log r_2$, $\log\left(\dfrac{r_1}{r_2}\right) = \log r_1 - \log r_2$ $(r_1, r_2 > 0)$ は, 複素対数に対しては一般に成り立たない. たとえば, $\log z^2 = \log r^2 + i(2\theta + 2k\pi)$ $(k \in \mathbf{Z})$, $2\log z = 2(\log r + i(\theta + 2\ell\pi)) = \log r^2 + i(2\theta + 4\ell\pi)$ $(\ell \in \mathbf{Z})$ だから $2\log z$ は $\log z^2$ の値を 1 つおきにとる.

♦ べき関数 z^a $(a \in \mathbf{C})$ ♦

$z\ (\neq 0), a \in \mathbf{C}$ に対して, z^a を次で定義する.

───── べき関数の定義 ─────
$$z^a = e^{a \log z}$$

べき関数 $f(z) = z^a$ は無限多価関数である.

注意 $e^{a \operatorname{Log} z}$ を z^a の**主値**という.

注意 $a = n \in \mathbf{N}$ のときは, $z^n = \underbrace{zz\cdots z}_{n 個}$ である.

例 1.21
i^{-i} を $x + iy$ の形で書くと, $i = 1 e^{i(\frac{1}{2}+2k)\pi}$ $(k \in \mathbf{Z})$ より
$$-i \log i = -i\left(\log 1 + i\left(\frac{1}{2} + 2k\right)\pi\right) = \left(\frac{1}{2} + 2k\right)\pi \quad (k \in \mathbf{Z})$$
だから
$$i^{-i} = e^{-i \log i} = e^{(\frac{1}{2}+2k)\pi} \quad (k \in \mathbf{Z})$$

問 1.25 次を $x + iy$ の形で書け.
(1) i^i (2) $(2i)^{1-i}$ (3) $(1+i)^i$ (4) $(1-i)^{1+i}$

1.4 実変数の複素数値関数*

♦ **実変数の複素数値指数関数** ♦

複素数 $a = \alpha + i\beta$ と実変数 x に対して，複素数値指数関数
$$f(x) = e^{ax} = e^{(\alpha+i\beta)x} = e^{\alpha x}(\cos\beta x + i\sin\beta x)$$
を考える．ここで $f(x) = u(x) + iv(x)$ とおくと $u(x) = e^{\alpha x}\cos\beta x$, $v(x) = e^{\alpha x}\sin\beta x$ だから
$$\frac{du}{dx} = e^{\alpha x}(\alpha\cos\beta x - \beta\sin\beta x), \quad \frac{dv}{dx} = e^{\alpha x}(\alpha\sin\beta x + \beta\cos\beta x)$$
を得る．関数 $f(x)$ の導関数 f' を次で定義する．

導関数 f'
$$f' = \frac{df}{dx} = \frac{du}{dx} + i\frac{dv}{dx}$$

このとき
$$\frac{df}{dx} = \alpha e^{\alpha x}(\cos\beta x + i\sin\beta x) + \beta e^{\alpha x}(i\cos\beta x - \sin\beta x)$$
$$= (\alpha + i\beta)e^{\alpha x}(\cos\beta x + i\sin\beta x)$$
$$= (\alpha + i\beta)e^{(\alpha+i\beta)x} = ae^{ax}$$

を得る．すなわち

---
e^{ax} の微分
$$\frac{d}{dx}e^{ax} = ae^{ax} \qquad (a \in \boldsymbol{C})$$

例 1.22 $\dfrac{d^n}{dx^n}e^{ax} = (e^{ax})^{(n)} = a^n e^{ax} \qquad (a \in \boldsymbol{C}, n \in \boldsymbol{N})$

例 1.23 $f(x) = e^{ix}$ とすると，$n = 1, 2, \cdots$ に対して
$$f^{(n)}(x) = i^n e^{ix} = e^{i\frac{n}{2}\pi}e^{ix} = e^{i(x+\frac{n}{2}\pi)} = \cos\left(x + \frac{n}{2}\pi\right) + i\sin\left(x + \frac{n}{2}\pi\right)$$
一方
$$f^{(n)}(x) = \left(e^{ix}\right)^{(n)} = (\cos x + i\sin x)^{(n)} = (\cos x)^{(n)} + i(\sin x)^{(n)}$$

だから
$$(\cos x)^{(n)} = \cos\left(x + \frac{n}{2}\pi\right), \qquad (\sin x)^{(n)} = \sin\left(x + \frac{n}{2}\pi\right)$$

問 **1.26** $\left(e^{i(\alpha x+\beta)}\right)^{(n)}$ を利用して $(\cos(\alpha x+\beta))^{(n)}$ と $(\sin(\alpha x+\beta))^{(n)}$ を求めよ．ただし，$\alpha,\beta \in \mathbf{R}$ とする．

問 **1.27** $\left(e^{(1+i)x}\right)^{(n)}$ を利用して $(e^x\cos x)^{(n)}$ と $(e^x\sin x)^{(n)}$ を求めよ．

♦ 定数係数 n 階線形同次微分方程式 ♦

n を自然数，$b_0, b_1, \cdots, b_n$ を実数とし，$b_n \neq 0$ とするとき

(∗) $\qquad b_n f^{(n)}(x) + b_{n-1} f^{(n-1)}(x) + \cdots + b_1 f'(x) + b_0 f(x) = 0$

をみたす関数 $f(x)$ を求めてみる．$f(x) = e^{ax}$ とおくと

$$0 = b_n f^{(n)}(x) + b_{n-1} f^{(n-1)}(x) + \cdots + b_1 f'(x) + b_0 f(x)$$
$$= (b_n a^n + b_{n-1} a^{n-1} + \cdots + b_1 a + b_0) e^{ax}$$

すなわち
$$b_n a^n + b_{n-1} a^{n-1} + \cdots + b_1 a + b_0 = 0$$

を得る．これを (∗) の**特性方程式**という．この方程式の解を (重複度をこめて) $a_1, a_2, \cdots, a_n$ とすれば，$e^{a_1 x}, e^{a_2 x}, \cdots, e^{a_n x}$ は (∗) をみたす (実際，(∗) に代入してみればわかる)．すなわち，これらは (∗) の解である．

微分方程式 (∗) の 1 次独立な n 個の解の 1 次結合を (∗) の**一般解**という．とくに，$a_1, a_2, \cdots a_n$ がすべて異なっているとき，$e^{a_1 x}, e^{a_2 x}, \cdots, e^{a_n x}$ に任意定数 $c_1, c_2, \cdots c_n$ をかけて加えた 1 次結合

$$c_1 e^{a_1 x} + c_2 e^{a_2 x} + \cdots + c_n e^{a_n x}$$

は (∗) の**一般解**となる．

例 **1.24** (1 階の微分方程式) $f'(x) + kf(x) = 0$ を考える．$f(x) = e^{ax}$ とおくと，特性方程式は $a + k = 0$ だから $a = -k$ となる．よって，与式の一般解として $f(x) = ce^{-kx}$ (c は任意定数) を得る．

例 1.25 (2階の微分方程式) $f''(x) + f(x) = 0$ を考える．$f(x) = e^{ax}$ とおくと，特性方程式は $a^2 + 1 = 0$ だから $a = \pm i$ となる．よって，与式の一般解として $f(x) = c_1 e^{ix} + c_2 e^{-ix}$ (c_1, c_2 は任意定数) を得る．一方，オイラーの公式より

$$c_1 e^{ix} + c_2 e^{-ix} = c_1(\cos x + i \sin x) + c_2(\cos x - i \sin x)$$
$$= c_1{'} \cos x + c_2{'} \sin x, \quad c_1{'} = c_1 + c_2, \; c_2{'} = i(c_1 - c_2)$$

と変形できるから，与式の一般解として，実関数の

$$f(x) = C_1 \cos x + C_2 \sin x \quad (C_1, C_2 \text{ は任意定数})$$

を得ることができる．

問 1.28 次の微分方程式の一般解を求めよ．
(1) $f''(x) + 4f(x) = 0$
(2) $f''(x) + f'(x) - 2f(x) = 0$
(3) $f''(x) + 4f'(x) + f(x) = 0$
(4) $f''(x) + f'(x) + f(x) = 0$

第2章　正則関数

2.1　連続関数

♦ 複素関数の極限 ♦

関数 $f(z)$ は複素平面 $\boldsymbol{C}$ の点 a の近傍で定義されている[1]とする。

z が a に限りなく近づく[2]とき，$f(z)$ が b に限りなく近づくことを，$f(z)$ は b に収束するといい

$$\lim_{z \to a} f(z) = b \quad \text{または} \quad f(z) \longrightarrow b \quad (z \to a)$$

などと書く。また，この b を $f(z)$ の**極限値**という。

注意 $\lim_{z \to a} f(z) = b$ の意味は $\lim_{z \to a} |f(z) - b| = 0$ のこと[3]である。

$f(z)$ が収束すれば，その極限値は一意的に定まる。実際，$\lim_{z \to a} f(z) = b$, $\lim_{z \to a} f(z) = b'$ とすると

$$\begin{aligned}
0 \leq |b - b'| &= |(b - f(z)) + (f(z) - b')| \\
&\leq |f(z) - b| + |f(z) - b'| \longrightarrow 0 \quad (z \to a)
\end{aligned}$$

よって，$b = b'$ となる。

---

[1] $f(z)$ は点 a では定義されていなくてもよい。
[2] z が a に限りなく近づくことを $z \to a$ と書き，その意味は $|z - a| \to 0$ のことである。ただし，その近づき方は直線的とは限らないので注意が必要である。
[3] 厳密には，任意の正数 $\varepsilon > 0$ に対して，ある適当な正数 $\delta > 0$ がとれて
$$0 < |z - a| < \delta \quad \Longrightarrow \quad |f(z) - b| < \varepsilon$$
とできるとき，$f(z)$ は b に収束するという（ε-δ 論法）。

◆ 連続関数 ◆

とくに，$f(z)$ が点 a で定義されていて，極限値 $b = f(a)$ のとき，すなわち
$$\lim_{z \to a} f(z) = f(a) \quad \left(\iff \lim_{z \to a} |f(z) - f(a)| = 0 \right)$$
であるとき，$f(z)$ は $z = a$ で**連続**であるという．

注意 形式的に，$\lim_{z \to a} f(z) = f(\lim_{z \to a} z)$ と書けるから，連続であれば，f と $\lim$ が交換可能であるといえる．

さらに，$f(z)$ が領域 D の各点で連続であるとき，$f(z)$ は D で連続であるという．すなわち，各 $z \in D$ に対して
$$\lim_{\triangle z \to 0} f(z + \triangle z) = f(z) \quad \left(\iff \lim_{\triangle z \to 0} |f(z + \triangle z) - f(z)| = 0 \right)$$

注意 以下，「D で連続である」と書かなくても混乱のおそれがない場合には，「D で」を省略して，単に「連続である」と書くこともある．

注意 複素関数 $f(z)$ に対する収束の定義は，実関数 $f(x)$ の場合と形式的にまったく同じであるから，実関数 $f(x)$ に対する公式がそのまま成り立つ．

例 2.1 $\lim_{z \to -i} \dfrac{z^2 + 1}{i(z + i)} = \lim_{z \to -i} \dfrac{(z + i)(z - i)}{i(z + i)} = \lim_{z \to -i} \dfrac{z - i}{i} = -2$

問 2.1 次を求めよ．
(1) $\lim_{z \to i} \dfrac{z^3 + i}{z - i}$ (2) $\lim_{z \to -i} \dfrac{3(z + i)}{z^3 - i}$ (3) $\lim_{z \to i} \dfrac{z^6 + 1}{z^2 + 1}$

定理 2.1

関数 $f(z) = u(x, y) + iv(x, y)$ $(z = x + iy)$ に対して，次は同値である．

(a) $f(z)$ が点 a $(= \alpha + i\beta)$ で連続である

(b) $u(x, y), v(x, y)$ が点 (α, β) で連続である

【証明】 $|z - a| = \sqrt{(x - \alpha)^2 + (y - \beta)^2}$ より
$$|x - \alpha|, |y - \beta| \leqq |z - a| \leqq |x - \alpha| + |y - \beta|$$
だから
$$z \to a \quad \iff \quad (x, y) \to (\alpha, \beta)$$

一方，$|f(z)-f(a)| = \sqrt{(u(x,y)-u(\alpha,\beta))^2 + (v(x,y)-v(\alpha,\beta))^2}$ だから，$z \to a$ のとき

$$|f(z)-f(a)| \longrightarrow 0 \iff \begin{cases} |u(x,y)-u(\alpha,\beta)| \longrightarrow 0 \\ |v(x,y)-v(\alpha,\beta)| \longrightarrow 0 \end{cases}$$

よって，(a) と (b) の同値性がわかる． □

定理 2.2

関数 $f(z), g(z)$ が領域 D で連続ならば，(i) $f(z)+g(z)$ (ii) $cf(z)$ ($c \in \boldsymbol{C}$) (iii) $f(z)g(z)$ (iv) $\dfrac{1}{g(z)}$ ($g(z) \neq 0$) も D で連続となる．

【証明】$f(z) = u(x,y)+iv(x,y), g(z) = \xi(x,y)+i\eta(x,y), c = \alpha+i\beta$ とする．f, g が連続だから定理 2.1 より u, v, ξ, η は連続となる．実関数の性質より $u+\xi, v+\eta$ も連続となり，ふたたび定理 2.1 より $f+g = (u+\xi)+i(v+\eta)$ は連続となる．同様に $cf = (\alpha u - \beta v)+i(\alpha v + \beta u), fg = (u\xi - v\eta)+i(u\eta + v\xi)$，$\dfrac{1}{g} = \dfrac{u}{u^2+v^2} + i\dfrac{-v}{u^2+v^2}$ に注意して，実関数の性質と定理 2.1 を用いれば $cf, fg, 1/g$ の連続性も示せる． □

注意 (i), (ii) より $f(z)-g(z)$，(iii), (iv) より $f(z)/g(z)$ の連続性もわかる．

集合 $E (\subset \boldsymbol{C})$ に対して，円板 $U_R(0) = \{z \in \boldsymbol{C} \mid |z| < R \, (< \infty)\}$ が存在して $E \subset U_R(0)$ とできるとき，集合 E は**有界**であるという．

定理 2.3

関数 $f(z)$ は領域 D' で連続とし，$\overline{D}$ を D' 内の有界な閉領域とすると，$f(z)$ は $\overline{D}$ で有界である．すなわち

$$|f(z)| \leq M \quad (z \in \overline{D})$$

をみたす正数 $M > 0$ が存在する．

【証明】$f(z) = u(x,y)+iv(x,y)$ とする．f が連続だから定理 2.1 より u, v も連続となる．$\overline{D}$ は有界閉領域だから実関数の性質より，$\overline{D}$ で正数 M_1, M_2 がとれ

て $|u| \leqq M_1, |v| \leqq M_2$ とできる.したがって,$\overline{D}$ で $|f| \leqq |u|+|v| \leqq M_1 + M_2$ となり,f の有界性がわかる. □

2.2 正則関数

♦ 複素微分 ♦

点 a の近傍で定義された関数 $f(z)$ を考える.点 a に対して,極限
$$\lim_{z \to a} \frac{f(z) - f(a)}{z - a}$$
が存在するとき,関数 $f(z)$ は $z = a$ で (複素) **微分可能**である[4]といい,この極限を $f'(a), \dfrac{df}{dz}(a)$ などと書く.

さらに,$f(z)$ が $D\,(\subset \boldsymbol{C})$ の各点で微分可能であるとき,$f(z)$ は D で微分可能であるという.$f'(z)$ を z の関数とみるとき,$f'(z)$ を $f(z)$ の**導関数**という.また,$f(z)$ の導関数 $f'(z)$ を求めることを $f(z)$ を**微分する**という.

注意 $f'(z) = \dfrac{df(z)}{dz} = \lim_{\triangle z \to 0} \dfrac{f(z + \triangle z) - f(z)}{\triangle z}$ と書ける.

注意 複素関数 $f(z)$ に対する微分の定義は,実関数 $f(x)$ の場合と形式的に同じであるから,実関数 $f(x)$ に対する公式がそのまま成り立つ.

♦ 正則性 ♦

点 a のある適当な近傍[5]で関数 $f(z)$ が微分可能であるとき,$f(z)$ は $z = a$ で**正則**であるという.

さらに,$f(z)$ が $D\,(\subset \boldsymbol{C})$ の各点で正則であるとき,$f(z)$ は D で正則であるという.

注意 D が領域のとき,D は開集合だから

$$f(z) \text{ が } D \text{ で正則} \iff f(z) \text{ が } D \text{ で微分可能}$$

一方,$\overline{D}\,(= D \cup \partial D)$ は閉集合だから

$$f(z) \text{ が } \overline{D} \text{ で正則} \iff f(z) \text{ が } D \text{ および } \partial D \text{ のある}$$
$$\text{適当な近傍}[6]\text{で微分可能}$$

---

[4] $f(z)$ が $z = a$ で微分可能であるとき,z があらゆる方向から a に近づいても極限値 $f'(a)$ は同じである.

[5] a の十分小さな近傍でかまわない.

[6] ∂D の各点の近傍の和集合を ∂D の近傍という.

2.2 正則関数

例 2.2　(1)　$f(z) = z$ は $\boldsymbol{C}$ で正則で，$f'(z) = (z)' = 1$.

(2)　$f(z) = c$ (c は定数) は $\boldsymbol{C}$ で正則で，$f'(z) = (c)' = 0$.

(3)　$f(z) = z^n$ $(n = 1, 2, \cdots)$ は $\boldsymbol{C}$ で正則で，$f'(z) = (z^n)' = nz^{n-1}$.

注意　以下，「D で正則である」と書かなくても混乱のおそれがない場合には，「D で」を省略して，単に「正則である」と書くこともある．

定理 2.4

関数 $f(z), g(z)$ が正則ならば，次が成り立つ．

(1)　$(f(z) + g(z))' = f'(z) + g'(z)$

(2)　$(c\,f(z))' = c\,f'(z) \quad (c \in \boldsymbol{C})$

(3)　$(f(z)\,g(z))' = f'(z)\,g(z) + f(z)\,g'(z)$

(4)　$\left(\dfrac{1}{g(z)}\right)' = -\dfrac{g'(z)}{g(z)^2} \quad (g(z) \neq 0)$

注意　(1), (2) より $(f(z) - g(z))' = f'(z) - g'(z)$, (3), (4) より $\bigl(f(z)/g(z)\bigr)' = (f'(z)\,g(z) - f(z)\,g'(z))/g(z)^2$ もわかる．

実関数の場合と同様にして，次が示せる．

定理 2.5

関数 $w = f(\zeta), \zeta = g(z)$ がともに正則ならば，合成関数 $w = f(g(z))$ は正則で，次が成り立つ．

$$\frac{dw}{dz} = \frac{dw}{d\zeta}\frac{d\zeta}{dz} \quad \text{すなわち} \quad (f(g(z)))' = f'(g(z))\,g'(z)$$

例 2.3　$w = f(z) = (z^3 + i)^5$ とする．$\zeta = z^3 + i$ とおくと $w = \zeta^5$, $\dfrac{d\zeta}{dz} = 3z^2, \dfrac{dw}{d\zeta} = 5\zeta^4$ だから

$$\frac{dw}{dz} = \frac{dw}{d\zeta}\frac{d\zeta}{dz} = 5\zeta^4 \cdot 3z^2 = 5(z^3 + i)^4 \cdot 3z^2 = 15(z^3 + i)^4 z^2$$

あるいは

$$f'(z) = 5(z^3 + i)^4 \cdot (z^3 + i)' = 5(z^3 + i)^4 \cdot 3z^2 = 15(z^3 + i)^4 z^2$$

問 2.2 次の関数 $f(z)$ を微分せよ.
(1) $f(z) = z^5 - iz + i$
(2) $f(z) = \dfrac{1}{z^4 + i}$
(3) $f(z) = \dfrac{z}{(z^2 - 3i)^2}$
(4) $f(z) = \dfrac{z^2 + 1}{(z^3 + iz)^4}$

定理 2.6

関数 $f(z)$ が正則ならば, $f(z)$ は連続である.

【証明】 $f(z)$ は $z = a$ で微分可能だから
$$\lim_{z \to a}(f(z) - f(a)) = \lim_{z \to a}\frac{f(z) - f(a)}{z - a} \cdot \lim_{z \to a}(z - a) = f'(a) \cdot 0 = 0$$
よって, $f(z)$ は $z = a$ で連続となり, a の任意性より $f(z)$ は連続となる. □

♦ コーシー・リーマンの関係式 ♦

$f(z) = u(x, y) + iv(x, y)$ $(z = x + iy)$ の正則性に関する判定法について考察する. 以下, 簡単のために f は C^1 級 (u, v は C^1 級) とする.

定理 2.7 (Cauchy-Riemann の正則条件)

次は同値である.

(a) $f(z) = u(x, y) + iv(x, y)$ が正則である

(b) コーシー・リーマンの関係式：
$$\frac{\partial u}{\partial x} = \frac{\partial v}{\partial y}, \qquad \frac{\partial u}{\partial y} = -\frac{\partial v}{\partial x}$$
が成り立つ

【証明】 (a) ⇒ (b): $\triangle z = \triangle x + i\triangle y$ とおくと
$$f'(z) = \lim_{\triangle z \to 0} \frac{f(z + \triangle z) - f(z)}{\triangle z}$$
$$= \lim_{\triangle x + i\triangle y \to 0} \left(\frac{u(x + \triangle x, y + \triangle y) - u(x, y)}{\triangle x + i\triangle y} \right.$$
$$\left. + i\frac{v(x + \triangle x, y + \triangle y) - v(x, y)}{\triangle x + i\triangle y} \right)$$

このとき, $\triangle z$ はどのような経路に沿って 0 に近づけても $f'(z)$ の値は変わらない.

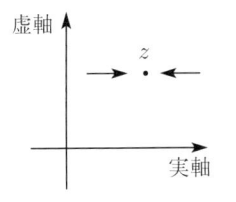

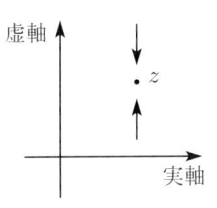

ここで，$\triangle y = 0$ として，$\triangle z = \triangle x \to 0$ (実軸に平行に近づける) とすると
$$f'(z) = \lim_{\triangle x \to 0} \left(\frac{u(x + \triangle x, y) - u(x, y)}{\triangle x} + i \frac{v(x + \triangle x, y) - v(x, y)}{\triangle x} \right)$$
$$= u_x(x, y) + i v_x(x, y)$$

$\triangle x = 0$ として，$\triangle z = i\triangle y \to 0$ (虚軸に平行に近づける) とすると
$$f'(z) = \lim_{\triangle y \to 0} \left(\frac{u(x, y + \triangle y) - u(x, y)}{i\triangle y} + i \frac{v(x, y + \triangle y) - v(x, y)}{i\triangle y} \right)$$
$$= \frac{1}{i} u_y(x, y) + v_y(x, y) = v_y(x, y) - i u_y(x, y)$$

よって，$f'(z) = u_x + iv_x = v_y - iu_y$ だから $u_x = v_y, v_x = -u_y$ が成り立つ.

(b) $\Rightarrow$ (a): 概略のみ示す．u, v は C^1 級だから平均値の定理とコーシー・リーマンの関係式より

$$u(x + \triangle x, y + \triangle y) - u(x, y) = u_x(x, y)\triangle x + u_y(x, y)\triangle y + \varepsilon_1 |\triangle z|$$
$$= u_x(x, y)\triangle x - v_x(x, y)\triangle y + \varepsilon_1 |\triangle z|$$
$$v(x + \triangle x, y + \triangle y) - v(x, y) = v_x(x, y)\triangle x + v_y(x, y)\triangle y + \varepsilon_2 |\triangle z|$$
$$= v_x(x, y)\triangle x + u_x(x, y)\triangle y + \varepsilon_2 |\triangle z|$$

とできる．ただし $|\triangle z| = \sqrt{(\triangle x)^2 + (\triangle y)^2} \to 0$ のとき $\varepsilon_1, \varepsilon_2 \to 0$ である.

したがって

$$f(z + \triangle z) - f(z)$$
$$= (u(x + \triangle x, y + \triangle y) - u(x, y)) + i(v(x + \triangle x, y + \triangle y) - v(x, y))$$
$$= (u_x(x, y) + iv_x(x, y))\triangle x + i(u_x(x, y) + iv_x(x, y))\triangle y$$
$$\quad + (\varepsilon_1 + i\varepsilon_2)|\triangle z|$$
$$= (u_x(x, y) + iv_x(x, y))\triangle z + (\varepsilon_1 + i\varepsilon_2)|\triangle z|$$

よって，極限
$$\lim_{\triangle z \to 0} \frac{f(z+\triangle z)-f(z)}{\triangle z} = u_x(x,y) + iv_x(x,y)$$
が存在するので，$f(z)$ は正則である． □

定理の証明のなかで
$$f'(z) = u_x + iv_x = v_y - iu_y \left(= \frac{1}{i}(u_y + iv_y)\right)$$
がわかっているので

―― 複素微分の公式 ―――
$$f'(z) = \frac{\partial}{\partial x}(u+iv) = f_x$$
$$= \frac{1}{i}\frac{\partial}{\partial y}(u+iv) = \frac{1}{i}f_y$$

が成り立つ．また，次の同値性もわかる．

―― Cauchy-Riemann の関係式 ―――
$$u_x = v_y, \quad u_y = -v_x \iff f_x = \frac{1}{i}f_y$$

例 2.4 $f(z) = x^2 - y^2 + 2x + 2 + i(2xy + 2y)$ は $\boldsymbol{C}$ で正則である．

実際，$u = x^2 - y^2 + 2x + 2$, $v = 2xy + 2y$ とおくと，$u_x = v_y = 2x + 2$, $u_y = -v_x = -2y$ が成り立つ．よって，定理 2.7 より $f(z)$ の正則性がわかる．

さらに，$f'(z) = u_x + iv_x = 2(x+iy) + 2 = 2z + 2$ となる．

例 2.5 $f(z) = x^2 - y^2 + 2x + 2 - i(2xy + 2y)$ は $\boldsymbol{C}$ で正則でない．

実際，$u = x^2 - y^2 + 2x + 2$, $v = -2xy - 2y$ とおくと，$u_x = 2x + 2$, $u_y = -2y$, $v_x = -2y$, $v_y = -2x - 2$ となり，$u_x = v_y$, $u_y = -v_x$ は，点 $(-1, 0)$ 以外では成り立たない．

問 2.3 次の関数 $f(z)$ の $\boldsymbol{C}$ での正則性を調べよ．また，$f(z)$ が正則であれば，その導関数 $f'(z)$ を求めよ．
(1) $f(z) = x^3 - 3xy^2 + 1 + i(3x^2y - y^3)$ (2) $f(z) = e^x \cos y - ie^x \sin y$
(3) $f(z) = x^3 - 3xy^2 + 1 - i(3x^2y - y^3)$ (4) $f(z) = e^{-x} \cos y - ie^{-x} \sin y$

命題 2.8

正則関数 $f(z)$ が極座標を用いて，$f(z) = u(r,\theta) + iv(r,\theta)$ $(z = re^{i\theta})$ と書けているとき，コーシー・リーマンの関係式は次で与えられる．
$$\frac{\partial u}{\partial r} = \frac{1}{r}\frac{\partial v}{\partial \theta}, \qquad \frac{\partial v}{\partial r} = -\frac{1}{r}\frac{\partial u}{\partial \theta}$$

問 2.4 命題 2.8 を示せ．

♦ **定数関数** ♦

定理 2.9

関数 $f(z)$ が正則ならば，次は同値である．
(a) $f(z) \equiv$ 定数 (b) $f'(z) = 0$
(c) $\operatorname{Re} f(z) \equiv$ 定数 (d) $\operatorname{Im} f(z) \equiv$ 定数

【証明】$f(z) = u(x,y) + iv(x,y)$ とする．(a) $\Rightarrow$ (b), (c), (d) は明らかである．

(b) $\Rightarrow$ (a): $u_x = u_y = v_x = v_y = 0$ だから $u \equiv$ 定数，$v \equiv$ 定数．よって，$f(z) \equiv$ 定数．

(c) $\Rightarrow$ (a): $u \equiv$ 定数より $u_x = u_y = 0$．また，$u_x = v_y, u_y = -v_x$ より $v_x = v_y = 0$ だから $v \equiv$ 定数．よって，$f(z) \equiv$ 定数．

(d) $\Rightarrow$ (a) も同様に示せる． □

問 2.5 関数 $f(z)$ と $\overline{f(z)}$ が正則ならば，$f(z) \equiv$ 定数であることを示せ．

問 2.6 関数 $f(z)$ が正則であるとき，$|f(z)| \equiv$ 定数ならば $f(z) \equiv$ 定数となることを示せ．

♦ **調和関数 $\Delta u = 0$** ♦

$\dfrac{\partial^2 u}{\partial x^2} + \dfrac{\partial^2 u}{\partial y^2}$ を Δu と書き，微分演算子 $\Delta = \dfrac{\partial^2}{\partial x^2} + \dfrac{\partial^2}{\partial y^2}$ をラプラスの演算子またはラプラシアンという．

さらに，$\Delta u = 0$ をラプラス方程式といい，$\Delta u = 0$ をみたす関数 u を調和関数という．

関数 $f(z) = u(x,y) + iv(x,y)$ は正則で，u, v は C^2 級とする．このとき，コーシー・リーマンの関係式を用いると

$$\Delta u = u_{xx} + u_{yy} = (u_x)_x + (u_y)_y = (v_y)_x + (-v_x)_y = 0$$

$$\Delta v = v_{xx} + v_{yy} = (v_x)_x + (v_y)_y = (-u_y)_x + (u_x)_y = 0$$

が成り立つ．よって，正則関数 $f(z)$ の実部 u と虚部 v はともに調和関数である．

> **問 2.7** 関数 $f(z) = u(x,y) + iv(x,y)$ は正則で，u, v は C^2 級とする．このとき，次を示せ．
> (1) $\Delta f(z) = 0$ 　　　　　　(2) $\Delta |f(z)|^2 = 4|f'(z)|^2$

◆ 指数関数 e^z ◆

指数関数

$$e^z = e^{x+iy} = e^x(\cos y + i \sin y)$$

は $\mathbf{C}$ で正則である．実際，$u = e^x \cos y$, $v = e^x \sin y$ とおくと

$$u_x = e^x \cos y, \quad u_y = -e^x \sin y, \quad v_x = e^x \sin y, \quad v_y = e^x \cos y$$

だから $u_x = v_y$, $u_y = -v_x$ が成り立つ．さらに

$$(e^z)' = u_x + iv_x = e^x(\cos y + i \sin y) = e^z$$

◆ 3角関数 $\cos z, \sin z$ ◆

指数関数 e^z は $\mathbf{C}$ で正則だから 3 角関数

$$\cos z = \frac{1}{2}\left(e^{iz} + e^{-iz}\right), \quad \sin z = \frac{1}{2i}\left(e^{iz} - e^{-iz}\right)$$

も $\mathbf{C}$ で正則である．さらに

$$(\cos z)' = \frac{1}{2}\left(ie^{iz} - ie^{-iz}\right) = \frac{-1}{2i}\left(e^{iz} - e^{-iz}\right) = -\sin z$$

$$(\sin z)' = \frac{1}{2i}\left(ie^{iz} + ie^{-iz}\right) = \frac{1}{2}\left(e^{iz} + e^{-iz}\right) = \cos z$$

◆ 対数関数 $\log z \ (z \neq 0)$ ◆

$z = re^{i\theta} \ (\neq 0)$ の対数関数

$$\log z = \log |z| + i \arg z = \log r + i(\theta + 2k\pi) \quad (k \in \mathbf{Z})$$

は $z \neq 0$ で正則である．実際，$u = \log r, v = \theta + 2k\pi$ とおくと
$$u_r = \frac{1}{r}, \quad u_\theta = 0, \quad v_r = 0, \quad v_\theta = 1$$
だから $u_r = \frac{1}{r}v_\theta, v_r = -\frac{1}{r}u_\theta$ が成り立つ．よって，命題 2.8 より $\log z$ は $z \neq 0$ で正則である．また，問 2.4 と同様の計算をすれば，($x = r\cos\theta, y = r\sin\theta$ より) $u_r = u_x\cos\theta - v_x\sin\theta, v_r = u_x\sin\theta + v_x\cos\theta$ だから $u_x = \frac{1}{r}\cos\theta$, $v_x = -\frac{1}{r}\sin\theta$．よって，$(\log z)' = u_x + iv_x = \frac{1}{r(\cos\theta + i\sin\theta)} = \frac{1}{z}$．

以上まとめると

定理 2.10

$e^z, \cos z, \sin z, \log z \ (z \neq 0)$ はそれぞれ正則関数で，次をみたす．

(1) $(e^z)' = e^z$ (2) $(\cos z)' = -\sin z$

(3) $(\sin z)' = \cos z$ (4) $(\log z)' = \dfrac{1}{z} \quad (z \neq 0)$

例 2.6 $f(z) = e^{3z}\sin(z^2 + 1)$ のとき
$$f'(z) = (e^{3z})'\sin(z^2 + 1) + e^{3z}(\sin(z^2 + 1))'$$
$$= e^{3z}\left(3\sin(z^2 + 1) + 2z\cos(z^2 + 1)\right)$$

問 2.8 次の関数を微分せよ．

(1) $\dfrac{\sin z}{\cos z}$ (2) $e^{z^2}\cos(3z^2 - i)$ (3) $\log\dfrac{e^z + e^{-z}}{2}$

問 2.9 双曲線関数 $\cosh z = (e^z + e^{-z})/2, \sinh z = (e^z - e^{-z})/2$ に対して，次を示せ．
(1) $(\cosh z)' = \sinh z$ (2) $(\sinh z)' = \cosh z$

2.3 複素積分

♦ **曲線** ♦

複素平面 $\boldsymbol{C}$ 上の曲線 C をパラメータ t を用いて[7]
$$C = \{z \in \boldsymbol{C} \mid z = z(t) \quad (t : \alpha \to \beta)\}$$

---
[7] t が α から β の方向へ動くことを $\alpha \leqq t \leqq \beta$ ではなく $(t : \alpha \to \beta)$ と書く．

のように書くことを曲線の**パラメータ表示**[8]という．また，簡単に

$$C : z = z(t) \quad (t : \alpha \to \beta)$$

と書くこともある．$z(\alpha)$ を**始点**，$z(\beta)$ を**終点**といい，$z(\alpha)$ から $z(\beta)$ へ向かう方向を曲線の**向き**とする．曲線 C と逆向きをもつ曲線を $-C$ と書く．

とくに，始点と終点が一致 ($z(\alpha) = z(\beta)$) している曲線を**閉曲線**という．

例 2.7 (1) $C : z = t + i(t - t^2)$ $(t : 0 \to 1)$ とする．$x = t, y = t - t^2$ とおくと $y = x - x^2$ $(x : 0 \to 1)$ となるから曲線 C を $\boldsymbol{R}^2$ 平面に書くと右図のようになる．

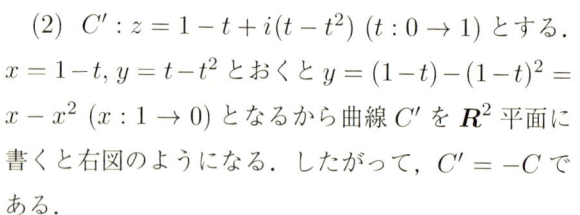

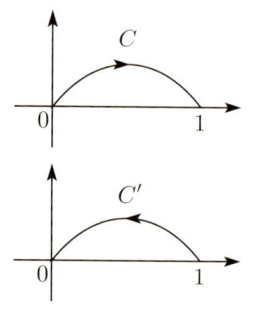

(2) $C' : z = 1 - t + i(t - t^2)$ $(t : 0 \to 1)$ とする．$x = 1 - t, y = t - t^2$ とおくと $y = (1-t) - (1-t)^2 = x - x^2$ $(x : 1 \to 0)$ となるから曲線 C' を $\boldsymbol{R}^2$ 平面に書くと右図のようになる．したがって，$C' = -C$ である．

$z(t) = x(t) + iy(t)$ $(t : \alpha \to \beta)$ において，$x(t), y(t)$ $(t : \alpha \to \beta)$ が C^1 級で $x'(t) \neq 0$ または $y'(t) \neq 0$ のとき，曲線 $C : z = z(t)$ $(t : \alpha \to \beta)$ を**なめらかな曲線**という．

2つの曲線 $C_1 : z_1 = z_1(t)$ $(t : \alpha \to \beta), C_2 : z_2 = z_2(t)$ $(t : \beta \to \gamma)$ において C_1 の終点と C_2 の始点が一致 ($z_1(\beta) = z_2(\beta)$) するとき

$$z(t) = \begin{cases} z_1(t) & (t : \alpha \to \beta) \\ z_2(t) & (t : \beta \to \gamma) \end{cases}$$

として曲線 $C : z = z(t)$ $(t : \alpha \to \gamma)$ を構成できる．この C を C_1 と C_2 の**和**といい，$C = C_1 + C_2$ と書く．

なめらかな曲線 C_k $(k = 1, 2, \cdots, n)$ の和 $C = C_1 + C_2 + \cdots + C_n$ を**区分的になめらかな曲線**という．

---

[8] 複素平面 $\boldsymbol{C}$ と $\boldsymbol{R}^2$ 平面は同一視されているので $C = \{z \in \boldsymbol{C} \mid z = z(t) = x(t) + iy(t) \ (t : \alpha \to \beta)\}$ と $C = \{(x, y) \in \boldsymbol{R}^2 \mid x = x(t), y = y(t) \ (t : \alpha \to \beta)\}$ も同一視して扱う．

区分的になめらかな曲線 C が条件

(i) 閉曲線である

(ii) 終点以外では自分自身と交わらない

をみたすとき，C を**単純閉曲線**または **Jordan** (ジョルダン) **閉曲線**といい，C の内部を左に見てまわる方向を，C の**向き**[9]と約束する.

例 2.8　中心 a, 半径 r の円周 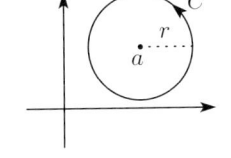
$$C = \{z \in \boldsymbol{C} \mid |z - a| = r\}$$
$$= \{z \in \boldsymbol{C} \mid z = a + re^{i\theta} \quad (\theta : 0 \to 2\pi)\}$$

は単純閉曲線である.

♦ **線積分** ♦

2 変数関数 $f(x, y)$ の定義域を D とし，D 内に (区分的に) なめらかな曲線
$$C = \{(x, y) \in \boldsymbol{R}^2 \mid x = x(t), y = y(t) \quad (t : \alpha \to \beta)\}$$
が与えられているとする. このとき，C 上で連続な関数 $f(x, y)$ に対して

$$\int_C f(x, y) \, dx = \int_\alpha^\beta f(x(t), y(t)) \frac{dx}{dt} \, dt$$

$$\int_C f(x, y) \, dy = \int_\alpha^\beta f(x(t), y(t)) \frac{dy}{dt} \, dt$$

(左辺を右辺で定義する) とおき，左辺を C に沿った f の**線積分**という.

注意　f の線積分は積分路 C のパラメータの取りかたによらず一意的である.

とくに, (i) $C : y = y(x) \ (x : \alpha \to \beta)$ のとき

$$\int_C f(x, y) \, dx = \int_\alpha^\beta f(x, y(x)) \, dx$$

(ii) $C : x = x(y) \ (y : \alpha \to \beta)$ のとき

$$\int_C f(x, y) \, dy = \int_\alpha^\beta f(x(y), y) \, dy$$

となる.

---

[9] C と逆まわりの向きをもつ曲線を $-C$ と書く.

♦ グリーンの定理 ♦

定理 2.11 (Green の定理)

D を単純閉曲線 C で囲まれた領域とし, $P(x,y), Q(x,y)$ は $\overline{D}\,(= D \cup C)$ 上で C^1 級とする. このとき, 次が成り立つ.
$$\int_C (P\,dx + Q\,dy) = \iint_D (-P_y + Q_x)\,dxdy$$

【証明】 右図のように曲線 $C = C_1 + C_2$ が

$C_1 : y = \phi_1(x) \quad (x : \alpha \to \beta)$

$C_2 : y = \phi_2(x) \quad (x : \beta \to \alpha)$

によって表されているとすると

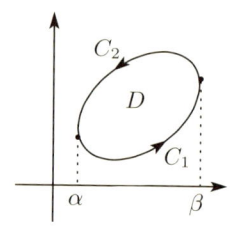

$$D = \{(x,y) \mid \alpha < x < \beta,\, \phi_1(x) < y < \phi_2(x)\}$$

だから

$$\iint_D (-P_y)\,dxdy = \int_\alpha^\beta \left(\int_{\phi_1(x)}^{\phi_2(x)} (-P_y)\,dy\right) dx$$
$$= \int_\alpha^\beta (-P(x, \phi_2(x)) + P(x, \phi_1(x)))\,dx$$
$$= \int_{C_2} P(x,y)\,dx + \int_{C_1} P(x,y)\,dx = \int_C P(x,y)\,dx$$

一方, 右図のように曲線 $C = C_1' + C_2'$ が

$C_1' : x = \psi_1(y) \quad (y : \delta \to \gamma)$

$C_2' : x = \psi_2(y) \quad (y : \gamma \to \delta)$

によって表されているとすると

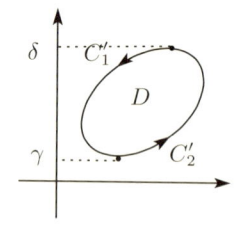

$$D = \{(x,y) \mid \psi_1(y) < x < \psi_2(y),\, \gamma < y < \delta\}$$

だから
$$\iint_D Q_x \, dxdy = \int_\gamma^\delta \left(\int_{\psi_1(y)}^{\psi_2(y)} Q_x \, dx \right) dy$$
$$= \int_\gamma^\delta (Q(\psi_2(y), y) - Q(\psi_1(y), y)) \, dy$$
$$= \int_{C_2'} Q(x,y) \, dy + \int_{C_1'} Q(x,y) \, dy = \int_C Q(x,y) \, dy$$

以上まとめると結論を得る. □

◆ 複素積分の定義 ◆

複素関数 $w = f(z)$ の定義域を D とする. D 内の (区分的に) なめらかな曲線
$$C = \{z \in \boldsymbol{C} \mid z(t) = x(t) + iy(t) \quad (t : \alpha \to \beta)\}$$
が与えられているとき, C 上で連続な関数 $f(z)$ を考える. このとき次のように左辺を右辺で定義して, 左辺を f の C に沿った**複素積分**という.

---- 複素積分の定義 ----
$$\int_C f(z) \, dz = \int_\alpha^\beta f(z(t)) \frac{dz}{dt} \, dt$$

注意 f の複素積分は積分路 C のパラメータの取りかたによらず一意的である.

さらに

---- $\int_C f(z)|dz|$ の定義 ----
$$\int_C f(z)|dz| = \int_\alpha^\beta f(z(t)) \left|\frac{dz}{dt}\right| dt$$

と定める. このとき, $f(z) = 1$ とすると次が成り立つ.

---- **命題 2.12** ----
$$\int_C |dz| = \int_\alpha^\beta \left|\frac{dz}{dt}\right| dt = \int_\alpha^\beta \sqrt{\left(\frac{dx}{dt}\right)^2 + \left(\frac{dy}{dt}\right)^2} \, dt$$
$$= 曲線 C の長さ$$

例 2.9 $C = \{z \in \boldsymbol{C} \mid z = \cos\theta + i\sin\theta \ (\theta : 0 \to \pi)\}$
のとき
$$\int_C |dz| = \int_0^\pi \sqrt{(-\sin\theta)^2 + (\cos\theta)^2}\, d\theta = \pi$$

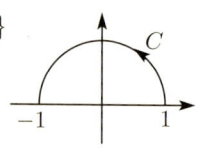

♦ **複素積分の性質** ♦

$z(t) = x(t) + iy(t), f(z) = u(x,y) + iv(x,y)$ とすると

$$\int_C f(z)\, dz = \int_\alpha^\beta f(z(t))\frac{dz}{dt}\, dt$$
$$= \int_\alpha^\beta (u(x(t),y(t)) + iv(x(t),y(t)))\left(\frac{dx}{dt} + i\frac{dy}{dt}\right) dt$$
$$= \int_\alpha^\beta \left(u(x(t),y(t))\frac{dx}{dt} - v(x(t),y(t))\frac{dy}{dt}\right) dt$$
$$+ i\int_\alpha^\beta \left(v(x(t),y(t))\frac{dx}{dt} + u(x(t),y(t))\frac{dy}{dt}\right) dt$$

と書ける．したがって，線積分を用いると

命題 2.13

$$\int_C f(z)\, dz = \int_C (u\, dx + (-v)\, dy) + i\int_C (v\, dx + u\, dy)$$

定理 2.14

関数 $f(z), g(z)$ と複素数 a, b に関して，次が成り立つ．

(1) $\displaystyle\int_C (af(z) + bg(z))\, dz = a\int_C f(z)\, dz + b\int_C g(z)\, dz$

(2) $\displaystyle\int_{C_1 + C_2} f(z)\, dz = \int_{C_1} f(z)\, dz + \int_{C_2} f(z)\, dz$

(3) $\displaystyle\int_{-C} f(z)\, dz = -\int_C f(z)\, dz$

(4) $|f(z)| \leqq M$ のとき，曲線 C の長さを L とすると
$$\left|\int_C f(z)\, dz\right| \leqq \int_C |f(z)|\, |dz| \leqq M \cdot L$$

【証明】 (4) のみ示す. 曲線 $C : z(t) = x(t) + iy(t)$ $(t : \alpha \to \beta)$ に対して

$$\left|\int_C f(z)\,dz\right| \leqq \int_\alpha^\beta |f(z(t))|\left|\frac{dz}{dt}\right|dt = \int_C |f(z)||dz|$$

$$\leqq M \int_C |dz| = M \cdot L$$

が成り立つ. □

♦ **原始関数** ♦

関数 $f(z)$ が領域 D で $F'(z) = f(z)$ をみたす正則関数 $F(z)$ をもつとき, この $F(z)$ を D における $f(z)$ の**原始関数**という.

定理 2.15

領域 D 内の曲線 $C = \{z \in \boldsymbol{C} \mid z = z(t) \ (t : \alpha \to \beta),\ a = z(\alpha),\ b = z(\beta)\}$ 上で連続な関数 $f(z)$ が D で原始関数 $F(z)$ をもつならば

$$\int_C f(z)\,dz = F(b) - F(a)$$

が成り立つ.

このとき $\int_C f(z)\,dz = \int_a^b f(z)\,dz$ と書く.

【証明】 積分の定義より

$$\int_C f(z)\,dz = \int_\alpha^\beta f(z(t))\frac{dz}{dt}\,dt = \int_\alpha^\beta \left(\frac{d}{dz}F(z)\right)\frac{dz}{dt}\,dt$$

$$= \int_\alpha^\beta \frac{dF(z(t))}{dt}\,dt = F(z(\beta)) - F(z(\alpha))$$

$$= F(b) - F(a) \qquad □$$

例 2.10 $\displaystyle\int_0^i z^3\,dz = \int_0^i \left(\frac{z^4}{4}\right)' dz = \frac{i^4}{4} - \frac{0^4}{4} = \frac{1}{4}$

問 2.10 次の積分を求めよ.

(1) $\displaystyle\int_0^i (2z-i)^2\,dz$ (2) $\displaystyle\int_0^i z e^{-z^2}\,dz$ (3) $\displaystyle\int_0^i \cos^2 z \sin z\,dz$

♦ **円周に沿った複素積分** ♦

積分路 C が円周 $C : |z-a| = r$ の場合には

$$\int_C f(z)\,dz = \int_{|z-a|=r} f(z)\,dz$$

とも書く．

例題 2.11 次を示せ．

$$\int_{|z-a|=r} (z-a)^n\,dz = \begin{cases} 2\pi i & (n = -1) \\ 0 & (n \neq -1) \end{cases}$$

【解答】 $I = \int_{|z-a|=r} (z-a)^n\,dz$ とおき，$z - a = re^{i\theta}$ $(\theta : 0 \to 2\pi)$ とおくと $\dfrac{dz}{d\theta} = ire^{i\theta}$ だから

$$I = \int_0^{2\pi} (re^{i\theta})^n\, ire^{i\theta}\,d\theta = ir^{n+1}\int_0^{2\pi} e^{i(n+1)\theta}\,d\theta$$

(i) $n + 1 = 0$ のとき

$$I = i\int_0^{2\pi} d\theta = 2\pi i$$

(ii) $n + 1 \neq 0$ のとき

$$I = ir^{n+1}\int_0^{2\pi} (\cos(n+1)\theta + i\sin(n+1)\theta)\,d\theta = 0$$

よって，結論を得る． □

注意 $\displaystyle\int_{|z-a|=r} \frac{dz}{z-a} = 2\pi i \quad \left(\text{すなわち}\quad \frac{1}{2\pi i}\int_{|z-a|=r} \frac{dz}{z-a} = 1\right)$

2.4 コーシーの積分定理

領域 D 内の任意の単純閉曲線 C によって囲まれる部分が D に含まれるとき，D は**単連結**であるという．すなわち，単連結な領域とは穴のあいていない連結な開集合のことである．

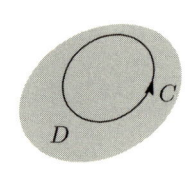

♦ コーシーの積分定理 ♦

定理 2.16 (Cauchy の積分定理)

D を単連結な領域とする．関数 $f(z)$ が D で正則ならば，D 内の任意の単純閉曲線 C に対して，次が成り立つ．
$$\int_C f(z)\,dz = 0$$

注意 単純閉曲線 C に囲まれた領域を D' とするとき，$f(z)$ が $\overline{D'}$ で正則ならば $\int_C f(z)\,dz = 0$ が成り立つ．

【証明】 $f(z) = u(x,y) + iv(x,y)$ $(z = x + iy)$ とすると，命題 2.13 より
$$\int_C f(z)\,dz = \int_C (u\,dx + (-v)\,dy) + i\int_C (v\,dx + u\,dy)$$
曲線 C の内部を D' とすると，グリーンの定理 (定理 2.11) より
$$\int_C f(z)\,dz = \iint_{D'} (-u_y + (-v)_x)\,dxdy + i\iint_{D'} (-v_y + u_x)\,dxdy$$
さらに，コーシー・リーマンの関係式 $u_x = v_y$, $u_y = -v_x$ より $\int_C f(z)\,dz = 0$ を得る． □

例 2.12 (1) e^z は $|z| \leqq 1$ で正則だから，コーシーの積分定理より
$$\int_{|z|=1} e^z\,dz = 0$$

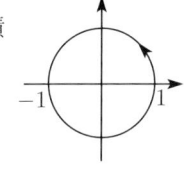

(2) $|i - 1| = \sqrt{2} > 1$ より $\dfrac{1}{z - i}$ は $|z - 1| \leqq 1$ で正則だから，コーシーの積分定理より
$$\int_{|z-1|=1} \frac{dz}{z - i} = 0$$

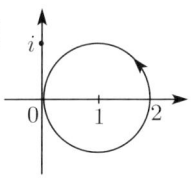

問 2.11 次の積分を求めよ．
(1) $\displaystyle\int_{|z+1|=2} \frac{e^z}{(z+2i)(z-2)}\,dz$ (2) $\displaystyle\int_{|z-1|=1} \frac{z^3 + z^2 + z + i}{z^2 + 1}\,dz$

例題 2.13 C を円周：$|z| = 1$ の上半円周で，-1 から 1 の方向とする．このとき，積分 $\int_C z^4\,dz$ を求めよ．

【解答】 ℓ を -1 から 1 までの直線とし，C と ℓ で囲まれた領域を D とする．すなわち $\partial D = -C + \ell$．このとき，z^4 は $\overline{D}$ で正則だから，コーシーの積分定理より

$$0 = \int_{-C+\ell} z^4\,dz = \left(-\int_C + \int_\ell\right) z^4\,dz$$

よって，ℓ 上で $z = x\ (x: -1 \to 1)$ とおくと，$\dfrac{dz}{dx} = 1$ だから

$$\int_C z^4\,dz = \int_\ell z^4\,dz = \int_{-1}^1 x^4\,dx = \frac{2}{5}$$
□

定理 2.17

関数 $f(z)$ が単連結な領域 D で正則ならば，2 点 $a, b\ (\in D)$ を結ぶ D 内の曲線 C_1, C_2 に対して，次が成り立つ．

$$\int_{C_1} f(z)\,dz = \int_{C_2} f(z)\,dz$$

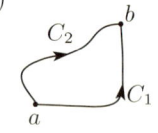

【証明】 (i) C_1 と C_2 が途中で交わらない場合：$C_1 + (-C_2)$ は D 内の単純閉曲線だから，コーシーの積分定理より

$$\int_{C_1} f(z)\,dz - \int_{C_2} f(z)\,dz = \int_{C_1+(-C_2)} f(z)\,dz = 0$$

(ii) C_1 と C_2 が途中で交わる場合：$C_1 + (-C_2)$ が単純閉曲線のいくつかの和になることに注意すれば示せる． □

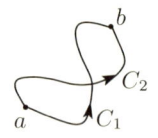

問 2.12 次の積分を求めよ．

(1) $\displaystyle\int_C (z^3 + z^2 + z + 1)\,dz$

　　ただし，C は円周：$|z| = 2$ の上半円周で，-2 から 2 の方向とする．

(2) $\displaystyle\int_C z e^z\,dz$

　　ただし，C は円周：$|z - 2| = 3$ の上半円周で，-1 から 5 の方向とする．

2.4 コーシーの積分定理

問 2.13 * 関数 $f(z)$ が単連結な領域 D で正則ならば，$f(z)$ は D で原始関数をもつこと (**原始関数の存在**) を示せ．

問 2.14 * 関数 $f(z)$ が領域 D で連続で，D 内の任意の単純閉曲線 C に対して $\int_C f(z)\,dz = 0$ ならば，$f(z)$ は D で正則であること (**Morera (モレラ) の定理**) を示せ．ただし，正則関数の導関数は正則であることを利用する（定理 2.22 参照）．

定理 2.18

右図のように，単純閉曲線 C_0, C_1 をとり C_0, C_1 を境界にもつ領域を D とする．このとき，$f(z)$ が $\overline{D}\,(= D \cup C_0 \cup C_1)$ で正則ならば，次が成り立つ．

$$\int_{C_0} f(z)\,dz = \int_{C_1} f(z)\,dz$$

注意 D の向きつきの境界 ∂D を $\partial D = C_0 + (-C_1)$ と定めると

$$\int_{\partial D} f(z)\,dz = \int_{C_0} f(z)\,dz - \int_{C_1} f(z)\,dz = 0$$

【証明】右図のように，C_0 上の点 P と C_1 上の点 Q を線分で結び，ハサミを入れて切り離すと，単純閉曲線

$$\partial D_0 = C_0 + PQ + (-C_1) + QP$$

を境界にもつ単連結な領域 D_0 ができる．$f(z)$ は $\overline{D_0}$ で正則だからコーシーの積分定理より

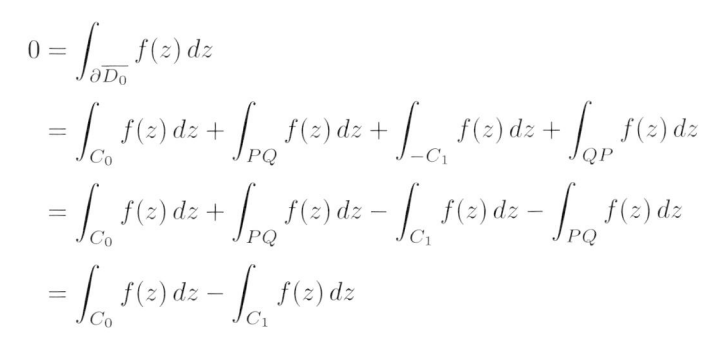

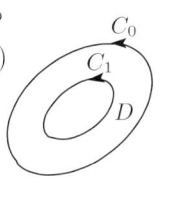

$$\begin{aligned}
0 &= \int_{\partial \overline{D_0}} f(z)\,dz \\
&= \int_{C_0} f(z)\,dz + \int_{PQ} f(z)\,dz + \int_{-C_1} f(z)\,dz + \int_{QP} f(z)\,dz \\
&= \int_{C_0} f(z)\,dz + \int_{PQ} f(z)\,dz - \int_{C_1} f(z)\,dz - \int_{PQ} f(z)\,dz \\
&= \int_{C_0} f(z)\,dz - \int_{C_1} f(z)\,dz
\end{aligned}$$

となり，結論を得る. □

この定理を一般化することにより，次のことがわかる.

定理 2.19

下図のように，単純閉曲線 $C_0, C_1, \cdots, C_n$ をとり，$C_0, C_1, \cdots, C_n$ を境界にもつ領域を D とする．このとき，$f(z)$ が $\overline{D} \,(= D \cup C_0 \cup C_1 \cup \cdots \cup C_n)$ で正則ならば，次が成り立つ．
$$\int_{C_0} f(z)\,dz = \int_{C_1} f(z)\,dz + \int_{C_2} f(z)\,dz + \cdots + \int_{C_n} f(z)\,dz$$

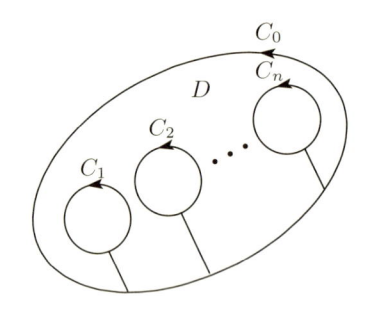

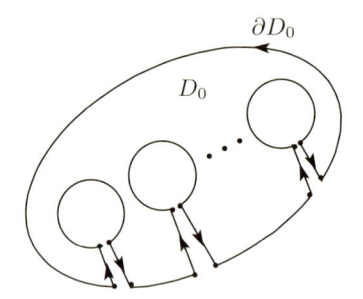

注意 D の向きつきの境界 ∂D を
$$\partial D = C_0 + (-C_1) + \cdots + (-C_n)$$
と定めると，定理 2.19 は次のように簡単に書ける．

$$\int_{\partial D} f(z)\,dz = 0$$

定理 2.20

D を単純閉曲線 C で囲まれた領域とする．このとき，$a \in D$ に対して，次が成り立つ．
$$\int_C (z-a)^n\,dz = \begin{cases} 2\pi i & (n=-1) \\ 0 & (n \neq -1) \end{cases}$$

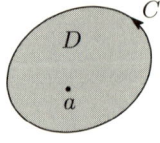

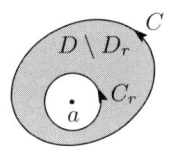

【証明】領域 D 内に中心 a, 半径 r の円周 $C_r : |z-a| = r$ をとる．C_r で囲まれた領域を D_r とすると，$(z-a)^n$ は $\overline{D \setminus D_r}$ で正則だから定理 2.18 より

$$\int_C (z-a)^n \, dz = \int_{C_r} (z-a)^n \, dz$$

よって，例題 2.11 より結論を得る． □

◆ コーシーの積分表示 ◆

―― 定理 2.21 (Caucy の積分表示) ――――――――

D を単純閉曲線 C で囲まれた領域とする．$f(z)$ が $\overline{D}$ で正則ならば，$a \in D$ に対して，次が成り立つ．

$$f(a) = \frac{1}{2\pi i} \int_C \frac{f(z)}{z-a} \, dz$$

すなわち

$$\int_C \frac{f(z)}{z-a} \, dz = 2\pi i \cdot f(a)$$

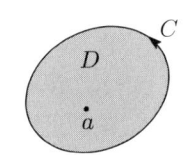

注意 D が定理 2.18 または定理 2.19 の領域の場合にも，$a \in D$ に対して $f(a) = \dfrac{1}{2\pi i} \int_{\partial D} \dfrac{f(z)}{z-a} \, dz$ が成り立つ．

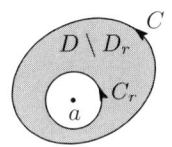

【証明】領域 D 内に中心 a, 半径 r の円周 $C_r : |z-a| = r$ をとる．C_r で囲まれた領域を D_r とすると，$\dfrac{f(z)}{z-a}$ は $\overline{D \setminus D_r}$ で正則だから定理 2.18 より

$$\int_C \frac{f(z)}{z-a} \, dz = \int_{C_r} \frac{f(z)}{z-a} \, dz \quad (\equiv I \text{ とおく})$$

が成り立つ．$z-a = re^{i\theta}$ ($\theta : 0 \to 2\pi$) とおくと $\dfrac{dz}{d\theta} = ire^{i\theta}$ より

$$I = \int_0^{2\pi} \frac{f(a+re^{i\theta})}{re^{i\theta}} ire^{i\theta} \, d\theta = i \int_0^{2\pi} f(a+re^{i\theta}) \, d\theta$$

ここで $r \to 0$ とすると

$$\text{右辺} \longrightarrow i \int_0^{2\pi} f(a) \, d\theta = 2\pi i \cdot f(a)$$

となる[10]. したがって, $I = 2\pi i \cdot f(a)$ が成り立つ. □

例題 2.14 次の積分を求めよ.

(1) $\displaystyle\int_{|z|=3} \frac{iz^2}{z-2i}\,dz$ 　　　(2) $\displaystyle\int_{|z|=3} \frac{3z^3}{(z-4i)(iz+1)}\,dz$

【解答】 $D = \{z \in \mathbf{C} \mid |z| < 3\}$ とする.

(1) $2i \in D$ であり, $f(z) = iz^2$ は $\overline{D}$ で正則だから, コーシーの積分表示より

$$\int_{|z|=3} \frac{iz^2}{z-2i}\,dz = 2\pi i \cdot f(2i) = 2\pi i \cdot i(2i)^2 = 8\pi$$

(2) 部分分数分解すると

$$\int_{|z|=3} \frac{3z^3}{(z-4i)(iz+1)}\,dz = \int_{|z|=3} 3z^3 \cdot \frac{-1}{3}\left(\frac{1}{z-4i} - \frac{1}{z-i}\right) dz$$

$$= \int_{|z|=3} \frac{-z^3}{z-4i}\,dz + \int_{|z|=3} \frac{z^3}{z-i}\,dz \quad (\equiv I_1 + I_2 \text{ とおく})$$

ここで, $4i \notin \overline{D}$ より $\dfrac{-z^3}{z-4i}$ は $\overline{D}$ で正則だから, コーシーの積分定理より $I_1 = 0$ となる.

一方, $i \in D$ であり, $f(z) = z^3$ は $\overline{D}$ で正則だから, コーシーの積分表示より

$$I_2 = 2\pi i \cdot f(i) = 2\pi i \cdot i^3 = 2\pi$$

よって

$$\int_{|z|=3} \frac{3z^3}{(z-4i)(iz+1)}\,dz = I_1 + I_2 = 2\pi \qquad □$$

問 2.15 次の積分を求めよ.

(1) $\displaystyle\int_{|z|=2} \frac{iz}{iz-1}\,dz$ 　　　(2) $\displaystyle\int_{|z|=1} \frac{z^3}{3z+i}\,dz$

(3) $\displaystyle\int_{|z+1|=4} \frac{e^{iz}}{(z-3i)(z+5i)}\,dz$ 　　　(4) $\displaystyle\int_{|z+1|=2} \frac{\cos(z-2i)}{(z-i)(z+2i)}\,dz$

---

[10] 右辺の被積分関数は r の関数として連続で積分区間 $[0, 2\pi]$ が有界であることから積分と極限の順序を入れ換えることができる.

定理 2.21 は次のように一般化することができる.

定理 2.22 (Cauchy の積分表示)

D を単純閉曲線 C で囲まれた領域とする. 関数 $f(z)$ が $\overline{D}$ で正則ならば, $f(z)$ は無限回微分可能で, $a \in D$ に対して, 次が成り立つ.
$$f^{(n)}(a) = \frac{n!}{2\pi i} \int_C \frac{f(z)}{(z-a)^{n+1}} \, dz \quad (n = 0, 1, 2, \cdots)$$
すなわち
$$\int_C \frac{f(z)}{(z-a)^m} \, dz = \frac{2\pi i}{(m-1)!} \cdot f^{(m-1)}(a) \quad (m = 1, 2, \cdots)$$
ただし, $f^{(0)}(z) = f(z), 0! = 1$ とする.

注意 D が定理 2.18 または定理 2.19 の領域の場合にも, $a \in D$ に対して $f^{(n)}(a) = \dfrac{n!}{2\pi i} \displaystyle\int_{\partial D} \dfrac{f(z)}{(z-a)^{n+1}} \, dz \quad (n = 0, 1, 2, \cdots)$ が成り立つ.

【証明】 $n = 1$ の場合を示す. $a \in D$ に対して
$$f'(a) = \lim_{\zeta \to a} \frac{f(\zeta) - f(a)}{\zeta - a}$$
また, 定理 2.21 より
$$f(\zeta) = \frac{1}{2\pi i} \int_C \frac{f(z)}{z - \zeta} \, dz \quad (\zeta \in D), \quad f(a) = \frac{1}{2\pi i} \int_C \frac{f(z)}{z - a} \, dz$$
だから
$$\frac{f(\zeta) - f(a)}{\zeta - a} = \frac{1}{\zeta - a} \frac{1}{2\pi i} \int_C f(z) \left(\frac{1}{z - \zeta} - \frac{1}{z - a} \right) dz$$
$$= \frac{1}{2\pi i} \int_C \frac{f(z)}{(z - \zeta)(z - a)} \, dz$$
ここで, $\zeta \to a$ とすると,
$$\text{左辺} \longrightarrow f'(a), \quad \text{右辺} \longrightarrow \frac{1}{2\pi i} \int_C \frac{f(z)}{(z - a)^2} \, dz$$
となる[11]. したがって
$$f'(a) = \frac{1!}{2\pi i} \int_C \frac{f(z)}{(z - a)^{1+1}} \, dz$$
以下, 同様にして, $f''(a), f'''(a), \cdots$ の場合も示せる. □

---
[11] 右辺の被積分関数は ζ の関数として連続で C が有界であることから積分と極限の順序を入れ換えることができる.

注意 a の任意性より定理 2.21 の等式は

$$f(z) = \frac{1}{2\pi i}\int_C \frac{f(\zeta)}{\zeta - z}\,d\zeta \qquad (z \in D)$$

と書ける．形式的に微分と積分の順序交換をすれば

$$f^{(n)}(z) = \frac{1}{2\pi i}\frac{d^n}{dz^n}\int_C \frac{f(\zeta)}{\zeta - z}\,d\zeta = \frac{1}{2\pi i}\int_C \frac{\partial^n}{\partial z^n}\frac{f(\zeta)}{\zeta - z}\,d\zeta$$

$$= \frac{n!}{2\pi i}\int_C \frac{f(\zeta)}{(\zeta - z)^{n+1}}\,d\zeta \qquad (z \in D)$$

となり，定理 2.22 の等式を得る．

例題 2.15 次の積分を求めよ．

$$\int_{|z|=3} \frac{ie^z}{(z-1)^4}\,dz$$

【解答】 $D = \{z \in \boldsymbol{C} \mid |z| < 3\}$ とすると，$1 \in D$ であり，$f(z) = ie^z$ は $\overline{D}$ で正則だから，コーシーの積分表示より

$$\int_{|z|=3} \frac{ie^z}{(z-1)^4}\,dz = \frac{2\pi i}{3!}\cdot f^{(3)}(1) = -\frac{e\pi}{3} \qquad \square$$

問 2.16 次の積分を求めよ．

(1) $\displaystyle\int_{|z|=1} \frac{z^3+1}{(2z-i)^3}\,dz$
(2) $\displaystyle\int_{|z|=3} \frac{e^{iz}}{(z-2i)^4}\,dz$
(3) $\displaystyle\int_{|z-i|=2} \frac{z^6-z^4+i}{(z+1)^5}\,dz$
(4) $\displaystyle\int_{|z+1|=2} \frac{\cos(z-2i)}{(z-i)^2}\,dz$

◆ 整関数 ◆

$\boldsymbol{C}$ 全体で正則な関数を**整関数**という．

例 2.16 $1, z^n, e^z, \cos z = \dfrac{1}{2}(e^{iz}+e^{-iz})$ などは整関数である．

次のリューヴィルの定理が成り立つ．

定理 2.23 (Liouville の定理)

有界な整関数 $f(z)$ は定数である．

【証明】 $f(z)$ は有界だから，正数 $M > 0$ がとれて

$$|f(z)| \leqq M \qquad (z \in \boldsymbol{C})$$

とできる．このとき，$a \in \boldsymbol{C}$ と正数 $r > 0$ に対して，コーシーの積分表示より

$$|f'(a)| = \left|\frac{1}{2\pi i}\int_{|z-a|=r}\frac{f(z)}{(z-a)^2}dz\right| \leqq \frac{1}{2\pi}\int_{|z-a|=r}\frac{|f(z)|}{|z-a|^2}|dz|$$

$$\leqq \frac{1}{2\pi}\frac{M}{r^2}\int_{|z-a|=r}|dz| = \frac{M}{r} \longrightarrow 0 \quad (r \to \infty)$$

したがって，r の任意性から $f'(a) = 0$ となり，さらに a の任意性から $f'(z) = 0$ $(z \in \boldsymbol{C})$ となる．よって，$f(z) \equiv$ 定数を得る． □

> 問 2.17 * 関数 $f(z)$ が閉領域 $\overline{D} : |z-a| \leqq r$ において正則で $|f(z)| \leqq M$ $(z \in \overline{D})$ ならば，$a \in D$ に対して
>
> $$|f^{(n)}(a)| \leqq \frac{n!}{r^n}M$$
>
> が成り立つこと (**Cauchy の不等式**) を示せ．

定理 2.24 (代数学の基本定理)

n は自然数で，$a_n \neq 0$ とする．n 次方程式

$$a_n z^n + a_{n-1}z^{n-1} + \cdots + a_1 z + a_0 = 0 \qquad (a_k \in \boldsymbol{C})$$

は必ず複素数の範囲で解をもつ．

【証明】背理法で示す．$f(z) = a_n z^n + a_{n-1}z^{n-1} + \cdots + a_1 z + a_0$ とおき，$f(z) = 0$ が解をもたないと仮定する．すなわち，$f(z) \neq 0$ $(z \in \boldsymbol{C})$ とする．ここで，$g(z) = 1/f(z)$ とおくと，$f(z)$ は整関数だから $g(z)$ も整関数となる．また，$\lim_{|z|\to\infty}|g(z)| = \lim_{|z|\to\infty}1/|f(z)| = 0$ だから正数 $R > 0$ がとれて

$$|g(z)| \leqq 1 \qquad (|z| \geqq R)$$

とできる．一方，$|g(z)|$ は連続関数だから $|z| \leqq R$ で最大値をとる．したがって，正数 $M > 0$ がとれて

$$|g(z)| \leqq M \qquad (|z| \leqq R)$$

とできる．以上より

$$|g(z)| \leqq 1 + M \qquad (z \in \boldsymbol{C})$$

となり，$g(z)$ は $\mathbb{C}$ 全体で有界となる．よって，リューヴィルの定理より $g(z) \equiv$ 定数，すなわち $f(z) = 1/g(z) \equiv$ 定数となる．これは $a_n \neq 0$ に矛盾する． □

$f(z) = a_n z^n + a_{n-1} z^{n-1} + \cdots + a_1 z + a_0 \ (a_n \neq 0)$ のとき $f(z) = 0$ の解は少なくとも 1 つあることがわかったのでそれを α_1 とすると，$f(\alpha_1) = 0$ である．因数定理より $f(z) = a_n(z - \alpha_1)g(z)$ となる $n-1$ 次式 $g(z)$ がとれる．この $g(z)$ に同じ操作を行なえば $g(z) = (z - \alpha_2)h(z)$ となる複素数 α_2 と $n-2$ 次式 $h(z)$ がとれて，$f(z) = a_n(z-\alpha_1)(z-\alpha_2)h(z)$ と書ける．以上のことを繰り返せば次がわかる．

定理 2.25

n 次方程式は複素数の範囲で重複度をこめて，ちょうど n 個の解をもつ．

2.5　実積分への応用　その 1

例題 2.17　次を示せ．
$$\int_0^\infty \frac{\sin x}{x} dx = \frac{\pi}{2}$$

【解答】$z \neq 0$ で正則な関数 $f(z) = \dfrac{e^{iz}}{z}$ を考える．右図のように，2 つの上半円周 C_R, C_ε と 2 つの線分 ℓ_1, ℓ_2 からなる単純閉曲線 $C_R + \ell_1 + C_\varepsilon + \ell_2$ をとり，この曲線を境界にもつ単連結な領域を D とする．すなわち

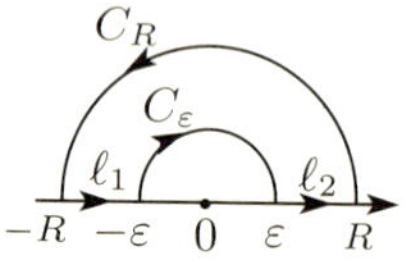

$$\partial D = C_R + \ell_1 + C_\varepsilon + \ell_2$$

$f(z) = \dfrac{e^{iz}}{z}$ は $\overline{D}$ で正則だから，コーシーの積分定理より

(*) $\quad 0 = \displaystyle\int_{\partial D} f(z)\, dz = \left(\int_{C_R} + \int_{\ell_1} + \int_{C_\varepsilon} + \int_{\ell_2} \right) f(z)\, dz$

ここで，(i) ℓ_1 上で $z = x \ (x : -R \to -\varepsilon)$ とおくと

$$\int_{\ell_1} f(z)\,dz = \int_{-R}^{-\varepsilon} \frac{e^{ix}}{x}\,dx \qquad (x = -t \text{ とおく})$$

$$= \int_R^\varepsilon \frac{e^{-it}}{-t}(-1)\,dt = \int_\varepsilon^R \frac{-e^{-it}}{t}\,dt \qquad (t = x \text{ とおく})$$

$$= \int_\varepsilon^R \frac{-e^{-ix}}{x}\,dx$$

(ii) ℓ_2 上で $z = x \ (x : \varepsilon \to R)$ とおくと

$$\int_{\ell_2} f(z)\,dz = \int_\varepsilon^R \frac{e^{ix}}{x}\,dx$$

したがって，(i), (ii) より

$$\left(\int_{\ell_1} + \int_{\ell_2}\right) f(z)\,dz = \int_\varepsilon^R \frac{e^{ix} - e^{-ix}}{2i}\frac{2i}{x}\,dx = 2i \int_\varepsilon^R \frac{\sin x}{x}\,dx$$

だから，$R \to \infty, \varepsilon \to 0$ とすると

$$\left(\int_{\ell_1} + \int_{\ell_2}\right) f(z)\,dz \longrightarrow 2i \int_0^\infty \frac{\sin x}{x}\,dx$$

(iii) C_ε 上で $z = \varepsilon e^{i\theta} \ (\theta : \pi \to 0)$ とおくと $\dfrac{dz}{d\theta} = i\varepsilon e^{i\theta}$ だから

$$\int_{C_\varepsilon} f(z)\,dz = \int_\pi^0 \frac{e^{i\varepsilon e^{i\theta}}}{\varepsilon e^{i\theta}} i\varepsilon e^{i\theta}\,d\theta = -i \int_0^\pi e^{i\varepsilon e^{i\theta}}\,d\theta$$

ここで，$\varepsilon \to 0$ とすると[12]

$$\int_{C_\varepsilon} f(z)\,dz \longrightarrow -i \int_0^\pi d\theta = -i\pi$$

(iv) C_R 上で $z = Re^{i\theta} \ (\theta : 0 \to \pi)$ とおくと $\dfrac{dz}{d\theta} = iRe^{i\theta}$ だから

$$\int_{C_R} f(z)\,dz = \int_0^\pi \frac{e^{iRe^{i\theta}}}{Re^{i\theta}} iRe^{i\theta}\,d\theta = i \int_0^\pi e^{iR(\cos\theta + i\sin\theta)}\,d\theta$$

$$= i \int_0^\pi e^{-R\sin\theta} e^{iR\cos\theta}\,d\theta$$

---

[12] 右辺の被積分関数は ε の関数として連続で積分区間 $[0, \pi]$ が有界であることから積分と極限の順序を入れ換えることができる．

となり，$\int_{C_R} f(z)\,dz \longrightarrow 0 \ (R \to \infty)$ が示せる．実際

$$\left|\int_{C_R} f(z)\,dz\right| \leq |i|\int_0^\pi \left|e^{-R\sin\theta}\right|\left|e^{iR\cos\theta}\right|d\theta = \int_0^\pi e^{-R\sin\theta}\,d\theta$$

$$= \int_0^{\pi/2} e^{-R\sin\theta}\,d\theta + \int_{\pi/2}^\pi e^{-R\sin\theta}\,d\theta \quad (\equiv I_1 + I_2 \text{ とおく})$$

(a) $0 \leq \theta \leq \dfrac{\pi}{2}$ のとき $\dfrac{2}{\pi}\theta \leq \sin\theta$ だから

$$I_1 \leq \int_0^{\pi/2} e^{-\frac{2R}{\pi}\theta}\,d\theta = \frac{\pi}{2R}\left(1 - e^{-R}\right) \leq \frac{\pi}{2R}$$

(b) I_2 において，$\theta = \pi - \omega \ (\omega : \pi/2 \to 0)$ とおくと $\dfrac{d\theta}{d\omega} = -1,\ \sin(\pi - \omega) = \sin\omega$ だから

$$I_2 = \int_0^{\pi/2} e^{-R\sin\theta}\,d\theta = I_1 \leq \frac{\pi}{2R}$$

したがって

$$\left|\int_{C_R} f(z)\,dz\right| \leq I_1 + I_2 \leq \frac{\pi}{R}$$

が成り立ち，$R \to \infty$ とすると

$$\int_{C_R} f(z)\,dz \longrightarrow 0$$

以上より $(*)$ において $R \to \infty, \varepsilon \to 0$ とすると

$$0 = 2i\int_0^\infty \frac{\sin x}{x}\,dx - i\pi \quad \text{すなわち} \quad \int_0^\infty \frac{\sin x}{x}\,dx = \frac{\pi}{2}$$

を得る． □

問 2.18 * (Fresnel (フレネル) 積分) 次を示せ．

$$\int_0^\infty \cos x^2\,dx = \int_0^\infty \sin x^2\,dx = \frac{\sqrt{2\pi}}{4}$$

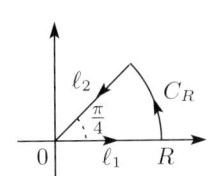

問 2.18 のヒント：被積分関数として $f(z) = e^{-z^2}$ をとり，$\ell_1 + C_R + \ell_2$ に沿って積分する．ただし，$\ell_1 : z = x\ (x : 0 \to R)$，$C_R : z = Re^{i\theta}\ (\theta : 0 \to \pi/4)$，$\ell_2 : z = te^{i\frac{\pi}{4}}\ (t : R \to 0)$．また，$\int_0^\infty e^{-x^2}\,dx = \frac{\sqrt{\pi}}{2}$ を利用する．

問 2.19 * 次を示せ．
$$\int_0^\infty \frac{\sin^2 x}{x^2}\,dx = \frac{\pi}{2}$$

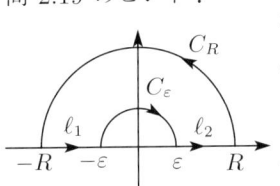

問 2.19 のヒント：被積分関数として $f(z) = \dfrac{e^{2iz} - 1}{z^2}$ をとり，$C_R + \ell_1 + C_\varepsilon + \ell_2$ に沿って積分する．ただし，$C_R : z = Re^{i\theta}\ (\theta : 0 \to \pi)$，$\ell_1 : z = x\ (x : -R \to -\varepsilon)$，$C_\varepsilon : z = \varepsilon e^{i\theta}\ (\theta : \pi \to 0)$，$\ell_2 : z = x\ (x : \varepsilon \to R)$．

第3章 ベキ級数

3.1 数列

♦ 複素数列の収束・発散 ♦

複素数が $z_1, z_2, \cdots, z_n, \cdots$ と並んだものを**複素数列**といい，$\{z_n\}_{n=1}^\infty$ または $\{z_n\}$ などと書く．

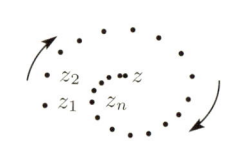

$n \to \infty$ とするとき，z_n が複素数 z に限りなく近づくことを，$\{z_n\}$ は z に**収束する**といい

$$\lim_{n\to\infty} z_n = z \quad \text{または} \quad z_n \longrightarrow z \quad (n \to \infty)$$

などと書く．また，この z を $\{z_n\}$ の**極限値**という．

注意 $\displaystyle\lim_{n\to\infty} z_n = z$ の意味は $\displaystyle\lim_{n\to\infty} |z_n - z| = 0$ のこと[1]である．

複素数列 $\{z_n\}$ に対して，$\displaystyle\lim_{n\to\infty} z_n = z$ となる複素数 z が存在するとき，$\{z_n\}$ は $\mathbb{C}$ で**収束する**という．また，収束しないとき，**発散する**という．

注意 $\{z_n\}$ が収束すれば，その極限値は一意的に定まる．実際，$\displaystyle\lim_{n\to\infty} z_n = z$，$\displaystyle\lim_{n\to\infty} z_n = z'$ とすると

$$0 \leqq |z - z'| = |(z - z_n) + (z_n - z')|$$
$$\leqq |z_n - z| + |z_n - z'| \longrightarrow 0 \quad (n \to \infty)$$

よって，$z = z'$ となる．

---

[1] 厳密には，任意の正数 $\varepsilon > 0$ に対して，ある適当な自然数 N がとれて
$$n \geqq N \implies |z_n - z| < \varepsilon$$
とできるとき，$\{z_n\}$ は z に収束するという（ε-N 論法）．

◆ 実数列の復習* ◆

$\{z_n\}$ の各項がすべて実数 $z_n = x_n$ であるとき，$\{x_n\}$ を**実数列**という．以下，実数列 $\{x_n\}$ について簡単に復習する．

例 3.1 $\displaystyle\lim_{n\to\infty}\frac{1}{n}=0, \quad \lim_{n\to\infty}\left(1+\frac{1}{n}\right)=\lim_{n\to\infty}\left(1-\frac{1}{n}\right)=1,$

$\displaystyle\lim_{n\to\infty}\left(1+\frac{1}{n}\right)^n=\lim_{n\to\infty}\left(1-\frac{1}{n}\right)^{-n}=e, \quad \lim_{n\to\infty}2^n=\infty$

定理 3.1

実数列 $\{x_n\}$, $\{y_n\}$ と実数 x, y に対して $\displaystyle\lim_{n\to\infty}x_n=x, \lim_{n\to\infty}y_n=y$ ならば，次が成り立つ．

(1) $\displaystyle\lim_{n\to\infty}(x_n+y_n)=x+y \quad \left(=\lim_{n\to\infty}x_n+\lim_{n\to\infty}y_n\right)$

(2) $\displaystyle\lim_{n\to\infty}(c\,x_n)=c\,x \quad \left(=c\lim_{n\to\infty}x_n\right) \quad (c\text{ は実数})$

(3) $\displaystyle\lim_{n\to\infty}(x_n\,y_n)=x\,y \quad \left(=\lim_{n\to\infty}x_n\cdot\lim_{n\to\infty}y_n\right)$

(4) $\displaystyle\lim_{n\to\infty}\left(\frac{x_n}{y_n}\right)=\frac{x}{y} \quad \left(=\frac{\displaystyle\lim_{n\to\infty}x_n}{\displaystyle\lim_{n\to\infty}y_n}\right) \quad (y\neq 0)$

定理 3.2 (はさみ打ちの原理)

$\alpha_n \leqq x_n \leqq \beta_n$ かつ $\displaystyle\lim_{n\to\infty}\alpha_n=\lim_{n\to\infty}\beta_n=x$ ならば $\displaystyle\lim_{n\to\infty}x_n=x$

例 3.2 $\alpha_n=1-\dfrac{1}{n},\ x_n=1+\dfrac{(-1)^n}{2n},\ \beta_n=1+\dfrac{1}{n}$ のとき

$\alpha_n < x_n < \beta_n \quad$ かつ $\quad \displaystyle\lim_{n\to\infty}\alpha_n=\lim_{n\to\infty}x_n=\lim_{n\to\infty}\beta_n=1$

例 3.3 $0 \leqq x_n \leqq y_n$ かつ $\displaystyle\lim_{n\to\infty}y_n=0$ ならば $\displaystyle\lim_{n\to\infty}x_n=0$

実数列 $\{x_n\}$ に対して，$\displaystyle\lim_{n\to\infty}x_n=x$ となる実数 x が存在するとき，$\{x_n\}$ は $\boldsymbol{R}$ で**収束する**という．また，正数 $M>0$ がとれて

$$|x_n|\leqq M \quad (n\in\boldsymbol{N}) \quad (\Longleftrightarrow -M\leqq x_n\leqq M)$$

とできるとき，$\{x_n\}$ は**有界**であるという．

第3章 べき級数

定理 3.3

$\{x_n\}$ が $\boldsymbol{R}$ で収束するならば，$\{x_n\}$ は有界である．

実数列 $\{x_n\}$ に対して，正数 $M > 0$ がとれて
$$x_n \leqq M \quad (n \in \boldsymbol{N})$$
とできるとき，$\{x_n\}$ は**上に有界**であるという．また，実数列 $\{x_n\}$ が
$$x_n \leqq x_{n+1} \quad (n \in \boldsymbol{N})$$
をみたすとき，$\{x_n\}$ は**単調増加列**であるという．

実数の連続性の公理より次が導かれる．

定理 3.4

$\{x_n\}$ が上に有界な単調増加列ならば，$\{x_n\}$ は $\boldsymbol{R}$ で収束する．

実数列 $\{x_n\}$ が
$$\lim_{n,m\to\infty} |x_n - x_m| = 0$$
をみたすとき，$\{x_n\}$ を $\boldsymbol{R}$ の**コーシー列**という．

定理 3.5 (Cauchy の収束判定法)

実数列 $\{x_n\}$ に対して，次は同値である．

(a) $\{x_n\}$ が $\boldsymbol{R}$ で収束する

(b) $\{x_n\}$ が $\boldsymbol{R}$ のコーシー列である

問 3.1 次の実数列 $\{x_n\}$ の極限値 $\lim_{n\to\infty} x_n$ を求めよ．

(1) $x_n = \dfrac{(2n+1)^3}{2n^3 - 4n + 1}$

(2) $x_n = \left(1 - \dfrac{1}{n^2}\right)^n$

(3) $x_n = \left(\dfrac{2n-1}{3n+1}\right)^n$

(4) $x_n = \dfrac{1}{1+n^2} + \dfrac{1}{2+n^2} + \cdots + \dfrac{1}{n+n^2}$

問 3.2* $x_n = 1 + \dfrac{1}{2^2} + \dfrac{1}{3^2} + \cdots + \dfrac{1}{n^2}$ とするとき，実数列 $\{x_n\}$ は $\boldsymbol{R}$ で収束することを示せ．

♦ 実数列と複素数列の収束性 ♦

定理 3.6

$z_n = x_n + iy_n, z = x + iy$ とするとき，次は同値である．

(a) $\lim_{n\to\infty} z_n = z$

(b) $\lim_{n\to\infty} x_n = x, \quad \lim_{n\to\infty} y_n = y$

【証明】 $|z_n - z| = \sqrt{(x_n - x)^2 + (y_n - y)^2}$ より

$$|x_n - x|, |y_n - y| \leqq |z_n - z| \leqq |x_n - x| + |y_n - y|$$

だから

$$\lim_{n\to\infty} |z_n - z| \quad \Longleftrightarrow \quad \begin{cases} \lim_{n\to\infty} |x_n - x| = 0 \\ \lim_{n\to\infty} |y_n - y| = 0 \end{cases}$$

がわかり，(a) と (b) の同値性がわかる． □

例 3.4 (1) $z_n = \left(1 + \dfrac{1}{n}\right) + i\left(1 - \dfrac{1}{n}\right)$ のとき

$$\lim_{n\to\infty}\left(1 + \frac{1}{n}\right) = \lim_{n\to\infty}\left(1 - \frac{1}{n}\right) = 1$$

より $\lim_{n\to\infty} z_n = 1 + i$ がわかる．

(2) $z_n = \left(\dfrac{n+1}{n}\right)^n + i\left(\dfrac{n}{n+1}\right)^n$ のとき

$$\lim_{n\to\infty}\left(\frac{n+1}{n}\right)^n = \lim_{n\to\infty}\left(1 + \frac{1}{n}\right)^n = e$$

$$\lim_{n\to\infty}\left(\frac{n}{n+1}\right)^n = \frac{1}{\lim_{n\to\infty}\left(\dfrac{n+1}{n}\right)^n} = \frac{1}{e}$$

より $\lim_{n\to\infty} z_n = e + i/e$ がわかる．

♦ 複素数列の性質 ♦

複素数列に対しても，実数列の場合と同様の公式が成り立つ．

定理 3.7

複素数列 $\{z_n\}, \{w_n\}$，複素数 z, w に対して，$\lim_{n \to \infty} z_n = z$, $\lim_{n \to \infty} w_n = w$ ならば，次が成り立つ．

(1) $\lim_{n \to \infty} (z_n + w_n) = z + w \quad \left(= \lim_{n \to \infty} z_n + \lim_{n \to \infty} w_n \right)$

(2) $\lim_{n \to \infty} (c\, z_n) = c\, z \quad \left(= c \lim_{n \to \infty} z_n \right) \quad$ (c は複素数)

(3) $\lim_{n \to \infty} (z_n w_n) = z\, w \quad \left(= \lim_{n \to \infty} z_n \cdot \lim_{n \to \infty} w_n \right)$

(4) $\lim_{n \to \infty} \left(\dfrac{z_n}{w_n} \right) = \dfrac{z}{w} \quad \left(= \dfrac{\lim_{n \to \infty} z_n}{\lim_{n \to \infty} w_n} \right) \quad (w \neq 0)$

【証明】(1) のみ示す．

$$z_n = x_n + i y_n \longrightarrow z = x + iy \quad (n \to \infty)$$
$$w_n = \alpha_n + i \beta_n \longrightarrow w = \alpha + i \beta \quad (n \to \infty)$$

とすると

$$z_n + w_n = (x_n + \alpha_n) + i(y_n + \beta_n)$$
$$\longrightarrow (x + \alpha) + i(y + \beta) = z + w \quad (n \to \infty)$$

を得る．(2)〜(4) も同様に示せる． □

問 3.3 次の複素数列 $\{z_n\}$ の極限値 $\lim_{n \to \infty} z_n$ を求めよ．
(1) $z_n = \dfrac{(2n+3)^2}{n^2 - 1} + i(\sqrt{n+1} - \sqrt{n})$ (2) $z_n = \left(1 - \dfrac{1}{n}\right)^n + i \dfrac{2^n - 2^{-n}}{2^n + 2^{-n}}$
(3) $z_n = \sqrt{n}(\sqrt{n+1} - \sqrt{n}) + i\, (\log(n+4) - \log(n+1))$

複素数列 $\{z_n\}$ に対して，正数 $M > 0$ がとれて

$$|z_n| \leqq M \quad (n \in \boldsymbol{N})$$

とできるとき，$\{z_n\}$ は**有界**であるという．

定理 3.8

$\{z_n\}$ が $\boldsymbol{C}$ で収束するならば，$\{z_n\}$ は有界である．

【証明】 $z_n = x_n + iy_n$ とすると，$\{z_n\}$ が $\boldsymbol{C}$ で収束するので，$\{x_n\}, \{y_n\}$ は $\boldsymbol{R}$ で収束する．よって，$\{x_n\}, \{y_n\}$ は有界だから，正数 M_1, M_2 がとれて

$$|x_n| \leqq M_1, \quad |y_n| \leqq M_2 \qquad (n \in \boldsymbol{N})$$

とできる．したがって

$$|z_n| \leqq |x_n| + |y_n| \leqq M_1 + M_2 \qquad (n \in \boldsymbol{N})$$

となり，$\{z_n\}$ が有界であることがわかる． □

複素数列 $\{z_n\}$ が

$$\lim_{n,m \to \infty} |z_n - z_m| = 0$$

をみたすとき，$\{z_n\}$ を $\boldsymbol{C}$ の**コーシー列**という．

定理 3.9 (Cauchy の収束判定法)

複素数列 $\{z_n\}$ に対して，次は同値である．

(a) $\{z_n\}$ が $\boldsymbol{C}$ で収束する

(b) $\{z_n\}$ が $\boldsymbol{C}$ のコーシー列である

【証明】 (a) $\Rightarrow$ (b): $\lim_{n \to \infty} z_n = z$ とすると

$$0 \leqq |z_n - z_m| = |(z_n - z) + (z - z_m)|$$
$$\leqq |z_n - z| + |z_m - z| \longrightarrow 0 \quad (n, m \to \infty)$$

だから $\lim_{n,m \to \infty} |z_n - z_m| = 0$ を得る．

(b) $\Rightarrow$ (a): $z_n = x_n + iy_n$ とすると，$z_n - z_m = (x_n - x_m) + i(y_n - y_m)$ より

$$0 \leqq |x_n - x_m|, |y_n - y_m| \leqq |z_n - z_m| \longrightarrow 0 \quad (n, m \to \infty)$$

だから

$$\lim_{n,m \to \infty} |x_n - x_m| = 0, \quad \lim_{n,m \to \infty} |y_n - y_m| = 0$$

すなわち $\{x_n\}, \{y_n\}$ は $\boldsymbol{R}$ のコーシー列となる．よって，$\{x_n\}, \{y_n\}$ は $\boldsymbol{R}$ で収束する．すなわち $\lim_{n\to\infty} x_n = x$, $\lim_{n\to\infty} y_n = y$ となる実数 x, y が存在する．したがって
$$\lim_{n\to\infty} z_n = \lim_{n\to\infty}(x_n + iy_n) = x + iy \quad (\in \boldsymbol{C})$$
となり，$\{z_n\}$ が $\boldsymbol{C}$ で収束することがわかる． □

以下，「$\boldsymbol{C}$ で収束する」と書かなくても混乱のおそれがない場合には，「$\boldsymbol{C}$ で」を省略して，単に「収束する」と書くことにする．また，複素数列を単に数列と書くことにする．

3.2 級数

♦ 級数の収束・発散 ♦

数列 $\{z_n\}$ に対して
$$z_1 + z_2 + \cdots + z_n + \cdots$$
を級数といい，$\sum_{n=1}^{\infty} z_n$ または $\sum z_n$ などと書く．

級数のすべての項が実数 $z_n = x_n$ であるとき $\sum_{n=1}^{\infty} x_n$ を実級数といい，級数の項のなかに複素数が含まれていることを強調したいときには，$\sum_{n=1}^{\infty} z_n$ を複素級数という．
$$S_n = z_1 + z_2 + \cdots + z_n$$
を級数の第 n 部分和という．数列 $\{S_n\}$ が収束するとき，級数 $\sum_{n=1}^{\infty} z_n$ は収束するといい，収束しないとき，発散するという．とくに $\lim_{n\to\infty} S_n = S$ のとき，級数 $\sum_{n=1}^{\infty} z_n$ は S に収束するといい
$$S = \sum_{n=1}^{\infty} z_n = z_1 + z_2 + \cdots + z_n + \cdots$$
と書く．また，この S を級数 $\sum_{n=1}^{\infty} z_n$ の和という．

注意 $\ell < m$ のとき，$\sum_{n=\ell}^{\infty} z_n = z_\ell + z_{\ell+1} + \cdots + z_{m-1} + \sum_{n=m}^{\infty} z_n$ だから

$$\sum_{n=\ell}^{\infty} z_n \text{ が収束する} \iff \sum_{n=m}^{\infty} z_n \text{ が収束する}$$

例 3.5 実級数 $\sum_{n=1}^{\infty} r^{n-1} = 1 + r + r^2 + \cdots$ に対して，次が成り立つ．

(1) $|r| < 1 \implies$ 級数は収束し，$\sum_{n=1}^{\infty} r^{n-1} = \dfrac{1}{1-r}$

(2) $|r| \geqq 1 \implies$ 級数は発散する

実際，$r=1$ のときは明らかに $\sum_{n=1}^{\infty} r^{n-1} = 1 + 1 + \cdots$ は発散するので，$r \neq 1$ とすると

$$S_n = 1 + r + r^2 + \cdots + r^{n-1} = \frac{1 - r^n}{1 - r}$$

したがって，(i) $|r| < 1$ のとき $\lim_{n \to \infty} S_n = 1/(1-r)$ となる．(ii) $r = -1$ または $|r| > 1$ のとき $\{S_n\}$ は収束しない．

例 3.6 $\sum_{n=1}^{\infty} \dfrac{1}{2^n} = \dfrac{1}{2} \dfrac{1}{1 - \dfrac{1}{2}} = 1, \quad \sum_{n=1}^{\infty} 2^n = 2 + 2^2 + 2^3 + \cdots = \infty$

例 3.7 $\sum_{n=1}^{\infty} \dfrac{1}{n}$ は発散する．実際，右図より

$$\sum_{n=1}^{\infty} \frac{1}{n} \geqq \int_0^{\infty} \frac{1}{1+x} dx = \left[\log(1+x) \right]_0^{\infty} = \infty$$

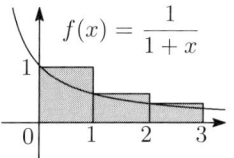

定理 3.10

$z_n = x_n + iy_n, S = A + iB$ とするとき，次は同値である．

(a) $\sum_{n=1}^{\infty} z_n$ が S に収束する

(b) $\sum_{n=1}^{\infty} x_n$ と $\sum_{n=1}^{\infty} y_n$ がそれぞれ A, B に収束する

【証明】 $A_n = x_1 + x_2 + \cdots + x_n, B_n = y_1 + y_2 + \cdots + y_n$ とおくと

$$S_n = z_1 + z_2 + \cdots + z_n = A_n + iB_n$$

だから
$$\lim_{n\to\infty} S_n = S \iff \lim_{n\to\infty} A_n = A, \quad \lim_{n\to\infty} B_n = B$$
よって，(a) と (b) の同値性がわかる． □

例 3.8 $z_n = \dfrac{2}{3^n} + \dfrac{i}{n(n+1)}$ のとき

$$\sum_{n=1}^{\infty} \frac{2}{3^n} = \frac{2}{3} \frac{1}{1-\dfrac{1}{3}} = 1, \quad \sum_{n=1}^{\infty} \frac{1}{n(n+1)} = \sum_{n=1}^{\infty} \left(\frac{1}{n} - \frac{1}{n+1}\right) = 1$$

だから $\sum_{n=1}^{\infty} z_n = 1 + i$ となる．

問 3.4 次の級数の和を求めよ．
(1) $\displaystyle\sum_{n=1}^{\infty} \left(\frac{2}{3}\right)^n (1-i)$
(2) $\displaystyle\sum_{n=1}^{\infty} \frac{2+i}{n(n+2)}$
(3) $\displaystyle\sum_{n=1}^{\infty} \left(\left(\frac{-1}{3}\right)^n + \frac{i}{(n+1)(n+3)}\right)$
(4) $\displaystyle\sum_{n=1}^{\infty} \left(\frac{1}{n^2+3n} + \frac{i}{4^n}\right)$

定理 3.11

$\displaystyle\sum_{n=1}^{\infty} z_n = S, \sum_{n=1}^{\infty} w_n = T$ とする．このとき，次が成り立つ．

(1) $\displaystyle\sum_{n=1}^{\infty} (z_n + w_n) = S + T \quad \left(= \sum_{n=1}^{\infty} z_n + \sum_{n=1}^{\infty} w_n\right)$

(2) $\displaystyle\sum_{n=1}^{\infty} (c\,z_n) = c\,S \quad \left(= c\sum_{n=1}^{\infty} z_n\right) \quad$ (c は複素数)

【証明】 $S_n = z_1 + z_2 + \cdots + z_n \longrightarrow S,\ T_n = w_1 + w_2 + \cdots + w_n \longrightarrow T$ $(n \to \infty)$ とすると

(1) $\displaystyle\sum_{n=1}^{\infty} (z_n + w_n) = \lim_{n\to\infty} (S_n + T_n) = \lim_{n\to\infty} S_n + \lim_{n\to\infty} T_n = S + T$

(2) $\displaystyle\sum_{n=1}^{\infty} (c\,z_n) = \lim_{n\to\infty} (c\,S_n) = c\lim_{n\to\infty} S_n = c\,S$ □

定理 3.12

(1) $\sum_{n=1}^{\infty} z_n$ が収束する $\implies$ $\lim_{n\to\infty} z_n = 0$

(2) $\lim_{n\to\infty} z_n \neq 0 \implies \sum_{n=1}^{\infty} z_n$ は発散する

【証明】(1) $\sum_{n=1}^{\infty} z_n = S$ とし，$S_n = z_1 + z_2 + \cdots + z_{n-1} + z_n$ とすると，$z_n = S_n - S_{n-1}$ だから

$$\lim_{n\to\infty} z_n = \lim_{n\to\infty} S_n - \lim_{n\to\infty} S_{n-1} = S - S = 0$$

(2) は (1) の対偶である． □

例 3.9 $z_n = \dfrac{1}{n^2} + \dfrac{2n}{n+1} i$ のとき，$\lim_{n\to\infty} \dfrac{1}{n^2} = 0$，$\lim_{n\to\infty} \dfrac{2n}{n+1} = 2$ だから，$\lim_{n\to\infty} z_n = 0 + 2i \neq 0$ となり $\sum_{n=1}^{\infty} z_n$ は発散する．

注意 $\lim_{n\to\infty} z_n = 0$ であっても $\sum_{n=1}^{\infty} z_n$ は発散することがある．

例 3.10 $z_n = \dfrac{1+i}{n}$ のとき，$\lim_{n\to\infty} z_n = 0$ となるが，$\sum_{n=1}^{\infty} \dfrac{1}{n}$ が発散するので $\sum_{n=1}^{\infty} z_n$ も発散する．

問 3.5 次の級数の収束・発散を調べよ．

(1) $\sum_{n=1}^{\infty} \left(\left(\sqrt{n+\sqrt{n}} - \sqrt{n} \right) + \dfrac{1}{n(n+1)} i \right)$ (2) $\sum_{n=1}^{\infty} \left(\left(\dfrac{1}{2} \right)^n + \dfrac{1}{\sqrt{n}} i \right)$

定理 3.13

級数 $\sum_{n=1}^{\infty} z^{n-1} = 1 + z + z^2 + \cdots$ に対して，次が成り立つ．

(1) $|z| < 1 \implies$ 級数は収束し，$\sum_{n=1}^{\infty} z^{n-1} = \dfrac{1}{1-z}$

(2) $|z| \geqq 1 \implies$ 級数は発散する

【証明】 (1) $|z| < 1$ のとき

$$\frac{1}{1-z} = 1 + z\frac{1}{1-z} = 1 + z\left(1 + z\frac{1}{1-z}\right) = 1 + z + z^2\frac{1}{1-z}$$

$$= 1 + z + z^2 + \cdots + z^{n-1} + z^n\frac{1}{1-z}$$

$$= \sum_{k=1}^{n} z^{k-1} + \frac{z^n}{1-z}$$

だから

$$\left|\sum_{k=1}^{n} z^{k-1} - \frac{1}{1-z}\right| = \left|-\frac{z^n}{1-z}\right| \leqq \frac{|z|^n}{1-|z|} \longrightarrow 0 \quad (n \to \infty)$$

よって，$\sum_{n=1}^{\infty} z^{n-1}$ は $\dfrac{1}{1-z}$ に収束する．

(2) $|z| \geqq 1$ のとき

$$\lim_{n\to\infty} |z^{n-1}| = \lim_{n\to\infty} |z|^{n-1} \neq 0$$

よって，定理 3.12 より $\sum_{n=1}^{\infty} z^{n-1}$ は発散する． □

定理 3.14 (Cauchy の収束判定法)

次は同値である．

(a) $\sum_{n=1}^{\infty} z_n$ が収束する

(b) $\lim_{n,m\to\infty} |z_{m+1} + z_{m+2} + \cdots + z_n| = 0$

【証明】 $S_n = z_1 + z_2 + \cdots + z_n$ とすると，$n > m$ に対して

$$S_n - S_m = z_{m+1} + z_{m+2} + \cdots + z_n$$

一方，定理 3.9 より

$$\{S_n\} \text{ が収束する} \quad \Longleftrightarrow \quad \{S_n\} \text{ がコーシー列である}$$

$$\Longleftrightarrow \quad \lim_{n,m\to\infty} |S_n - S_m| = 0$$

だから (a) と (b) の同値性がわかる． □

3.3 絶対収束級数

♦ **絶対収束** ♦

級数 $\sum_{n=1}^{\infty} |z_n|$ が収束するとき，級数 $\sum_{n=1}^{\infty} z_n$ は**絶対収束する**または**絶対収束級数**であるという．

注意 級数 $\sum_{n=1}^{\infty} |z_n|$ は実級数である．$x_n \geqq 0$ である実級数 $\sum_{n=1}^{\infty} x_n$ を**正項級数**という．

定理 3.15

次は同値である．

(a) $\sum_{n=1}^{\infty} z_n$ が絶対収束する

(b) $\sum_{n=1}^{\infty} |z_n| < \infty$

【証明】 (a) $\Rightarrow$ (b) は明らか．

(b) $\Rightarrow$ (a)：$\sum_{n=1}^{\infty} |z_n| \leqq M$ とし，$R_n = |z_1| + |z_2| + \cdots + |z_n|$ とおくと，$R_1 \leqq R_2 \leqq \cdots \leqq M$ だから，実数列 $\{R_n\}$ は上に有界な単調増加列である．よって，定理 3.4 より $\sum_{n=1}^{\infty} |z_n| = \lim_{n \to \infty} R_n$ は収束する． □

定理 3.16

級数 $\sum_{n=1}^{\infty} z^{n-1} = 1 + z + z^2 + \cdots$ に対して，次が成り立つ．

(1) $|z| < 1 \implies$ 級数は絶対収束し，$\sum_{n=1}^{\infty} z^{n-1} = \dfrac{1}{1-z}$

(2) $|z| \geqq 1 \implies$ 級数は発散する

【証明】 定理 3.13 より $|z| < 1$ のとき級数が絶対収束することを示せば十分である．定理 3.13 の証明と同様にして (z を $|z|$ におきかえて考えれば)

$$\frac{1}{1-|z|} = \sum_{k=1}^{n} |z|^{k-1} + \frac{|z|^n}{1-|z|}$$

したがって，$|z|<1$ のとき $\lim_{n\to\infty}|z|^n=0$ より
$$\sum_{n=1}^{\infty}|z^{n-1}|=\frac{1}{1-|z|}<\infty$$
よって，級数は絶対収束する． □

> **問 3.6** 次の級数は絶対収束するか，発散するか調べよ．また，収束するときはその和を求めよ．
> (1) $\displaystyle\sum_{n=1}^{\infty}\left(\frac{1+i}{2}\right)^n$ (2) $\displaystyle\sum_{n=1}^{\infty}\left(\frac{3-4i}{5}\right)^n$ (3) $\displaystyle\sum_{n=1}^{\infty}\left(\frac{3+4i}{5-i}\right)^n$

定理 3.14 において，z_n を $|z_n|$ におきかえて考えれば，次がわかる．

定理 3.17 (Cauchy の収束判定法)

次は同値である．
(a) $\displaystyle\sum_{n=1}^{\infty} z_n$ が絶対収束する
(b) $\displaystyle\lim_{n,m\to\infty}(|z_{m+1}|+|z_{m+2}|+\cdots+|z_n|)=0$

さらに，次を得る．

定理 3.18

絶対収束級数は収束する．すなわち
$$\sum_{n=1}^{\infty}|z_n|<\infty \implies \sum_{n=1}^{\infty} z_n \text{ は収束する}$$

【証明】3 角不等式と定理 3.17 より
$$|z_{m+1}+z_{m+2}+\cdots+z_n| \leqq |z_{m+1}|+|z_{m+2}|+\cdots+|z_n|$$
$$\longrightarrow 0 \quad (n,m\to\infty)$$
よって，定理 3.14 より $\displaystyle\sum_{n=1}^{\infty} z_n$ は収束する． □

注意 $\displaystyle\sum_{n=1}^{\infty} z_n$ が収束しても $\displaystyle\sum_{n=1}^{\infty}|z_n|$ は発散することがある．

例 3.11 $z_n = \dfrac{(-1)^{n-1}}{n}(1+i)$ のとき

(1) $\sum_{n=1}^{\infty} z_n$ は収束する　　　(2) $\sum_{n=1}^{\infty} |z_n|$ は発散する

実際，(1) $A_n = \sum_{k=1}^{n} \dfrac{(-1)^{k-1}}{k}$ とおくと

$$A_{2\ell+2} = A_{2\ell} + \dfrac{(-1)^{2\ell}}{2\ell+1} + \dfrac{(-1)^{2\ell+1}}{2\ell+2} \geq A_{2\ell}$$

だから，実数列 $\{A_{2\ell}\}$ は単調増加列である．また

$$A_{2\ell} = A_{2\ell-1} + \dfrac{(-1)^{2\ell-1}}{2\ell} \leq A_{2\ell-1}$$
$$= 1 - \dfrac{1}{2} + \dfrac{1}{3} - \dfrac{1}{4} + \dfrac{1}{5} - \dfrac{1}{6} + \cdots - \dfrac{1}{2\ell-2} + \dfrac{1}{2\ell-1}$$
$$= 1 - \left(\dfrac{1}{2} - \dfrac{1}{3}\right) - \left(\dfrac{1}{4} - \dfrac{1}{5}\right) - \cdots - \left(\dfrac{1}{2\ell-2} - \dfrac{1}{2\ell-1}\right) < 1$$

だから，実数列 $\{A_{2\ell}\}$ は上に有界な単調増加列である．したがって，$\{A_{2\ell}\}$ は $\mathbf{R}$ で収束するので，ある実数 A が存在して $\lim_{\ell \to \infty} A_{2\ell} = A$ とできる．このとき

$$\lim_{\ell \to \infty} A_{2\ell+1} = \lim_{\ell \to \infty} \left(A_{2\ell} + \dfrac{(-1)^{2\ell}}{2\ell+1}\right) = A$$

もわかるので，$\lim_{n \to \infty} A_n = A$ となる．よって，$\sum_{n=1}^{\infty} z_n$ は $A(1+i)$ に収束する．

(2) $|z_n| = \dfrac{\sqrt{2}}{n}$ だから，例 3.7 より $\sum_{n=1}^{\infty} |z_n| = \sqrt{2} \sum_{n=1}^{\infty} \dfrac{1}{n}$ は発散する．

♦ **絶対収束級数の項の入れ換え*** ♦

定理 3.19

$\sum_{n=1}^{\infty} z_n$ が絶対収束するならば，その項を入れ換えてできる級数 $\sum_{n=1}^{\infty} w_n$ も絶対収束し，$\sum_{n=1}^{\infty} z_n = \sum_{n=1}^{\infty} w_n$ が成り立つ．

【証明】 $\sum_{n=1}^{m} |w_n| \leq \sum_{n=1}^{\infty} |z_n|$ より $\sum_{n=1}^{\infty} |w_n| \leq \sum_{n=1}^{\infty} |z_n| < \infty$ だから $\sum_{n=1}^{\infty} w_n$ は絶対収束する．

さらに，$\sum_{n=1}^{m} |z_n| \leqq \sum_{n=1}^{\infty} |w_n|$ より $\sum_{n=1}^{\infty} |z_n| \leqq \sum_{n=1}^{\infty} |w_n|$ が成り立つ．また，$z_n = x_n + iy_n$, $w_n = \alpha_n + i\beta_n$ に対して，実級数についての性質 $\sum_{n=1}^{\infty} x_n = \sum_{n=1}^{\infty} \alpha_n$, $\sum_{n=1}^{\infty} y_n = \sum_{n=1}^{\infty} \beta_n$ を利用すれば $\sum_{n=1}^{\infty} z_n = \sum_{n=1}^{\infty} w_n$ もわかる． □

注意 定理 3.19 において，次の等式も成り立つ．
$$\left(\sum_{n=1}^{\infty} z_n\right)\left(\sum_{n=1}^{\infty} w_n\right) = \sum_{n=1}^{\infty} (z_1 w_n + z_2 w_{n-1} + \cdots + z_{n-1} w_2 + z_n w_1)$$

◆ 収束判定法 ◆

定理 3.20 (Weierstrass (ワイエルシュトラス) の優級数判定法)

$|z_n| \leqq M_n$ をみたす正数 $M_n > 0$ がとれて，$\sum_{n=1}^{\infty} M_n < \infty$ ならば，$\sum_{n=1}^{\infty} z_n$ は絶対収束する．

【証明】 $\sum_{n=1}^{m} |z_n| \leqq \sum_{n=1}^{\infty} M_n$ より $\sum_{n=1}^{\infty} |z_n| \leqq \sum_{n=1}^{\infty} M_n < \infty$ を得る． □

例 3.12 $z_n = \dfrac{(-i)^n}{(3n+1)(4n+5)}$ とする．

$$|z_n| \leqq \frac{1}{n(n+1)} \quad \text{かつ} \quad \sum_{n=1}^{\infty} \frac{1}{n(n+1)} = 1$$

だから，優級数判定法より $\sum_{n=1}^{\infty} z_n$ は絶対収束することがわかる．

定理 3.21 (Cauchy のべき根判定法)

$r = \lim_{n \to \infty} \sqrt[n]{|z_n|}$ が存在するとき，次が成り立つ．

(1) $r < 1 \implies \sum_{n=1}^{\infty} z_n$ は絶対収束する

(2) $r > 1 \implies \sum_{n=1}^{\infty} z_n$ は発散する

【証明】 (1) $r < \rho < 1$ とする．十分大きな自然数 n_0 をとれば
$$n \geqq n_0 \implies \sqrt[n]{|z_n|} < \rho \quad (<1)$$

とできる．このとき，$|z_n| < \rho^n$ かつ $\sum_{n=n_0}^{\infty} \rho^n < \infty$ だから，$\sum_{n=1}^{\infty} |z_n| < \infty$ がわかる．

(2) $r > \eta > 1$ とする．十分大きな自然数 n_1 をとれば
$$n \geqq n_1 \implies \sqrt[n]{|z_n|} > \eta \quad (>1)$$
とできる．このとき，$|z_n| > 1$ だから，$\lim_{n \to \infty} z_n \neq 0$ となり $\sum_{n=1}^{\infty} z_n$ は収束しない． □

例 3.13 $z_n = \left(1 + \dfrac{1}{n}\right)^{n^2}$ とする．
$$\lim_{n \to \infty} \sqrt[n]{|z_n|} = \lim_{n \to \infty} \left(1 + \frac{1}{n}\right)^n = e > 1$$
だから，べき根判定法より $\sum_{n=1}^{\infty} z_n$ は発散する．

問 3.7 次の級数は絶対収束するか，発散するか調べよ．
(1) $\sum_{n=1}^{\infty} \left(1 - \dfrac{1}{2n}\right)^{4n^2}$ (2) $\sum_{n=1}^{\infty} \left(1 + \dfrac{2}{n^2}\right)^{n^3}$ (3) $\sum_{n=1}^{\infty} \left(\dfrac{2n-i}{3n+i}\right)^n$

定理 3.22 (d'Alembert (ダランベール) の比判定法)

$r = \lim_{n \to \infty} \left|\dfrac{z_{n+1}}{z_n}\right|$ が存在するとき，次が成り立つ．

(1) $r < 1 \implies \sum_{n=1}^{\infty} z_n$ は絶対収束する

(2) $r > 1 \implies \sum_{n=1}^{\infty} z_n$ は発散する

【証明】(1) $r < \rho < 1$ とする．十分大きな自然数 n_0 をとれば
$$n \geqq n_0 \implies \left|\frac{z_{n+1}}{z_n}\right| < \rho \quad (<1)$$
とできる．このとき，$|z_{n+1}| < \rho |z_n|$ より
$$|z_n| < \rho |z_{n-1}| < \rho^2 |z_{n-2}| < \cdots < \rho^{n-n_0} |z_{n_0}|$$

ここで $M_0 = \rho^{-n_0}|z_{n_0}|$ とおくと $|z_n| < M_0 \rho^n$ だから
$$\sum_{n=n_0}^{\infty} |z_n| \leqq M_0 \sum_{n=n_0}^{\infty} \rho^n < \infty$$
となり，$\sum_{n=1}^{\infty} z_n$ は絶対収束することがわかる．

(2) $r > \eta > 1$ とする．十分大きな自然数 n_1 をとれば
$$n \geqq n_1 \implies \left|\frac{z_{n+1}}{z_n}\right| > \eta \quad (> 1)$$
とできる．このとき，$|z_{n+1}| > |z_n|$ だから，$\lim_{n \to \infty} z_n \neq 0$ となり $\sum_{n=1}^{\infty} z_n$ は収束しない． □

例 3.14 $z_n = \dfrac{1+i}{n!}$ とする．
$$\lim_{n \to \infty} \left|\frac{z_{n+1}}{z_n}\right| = \lim_{n \to \infty} \frac{1}{n+1} = 0 < 1$$
だから，比判定法より $\sum_{n=1}^{\infty} z_n$ は絶対収束する．

問 3.8 次の級数は絶対収束するか，発散するか調べよ．
(1) $\sum_{n=1}^{\infty} \dfrac{(1+i)^n}{n!}$ (2) $\sum_{n=1}^{\infty} \dfrac{(n!)^2(4-i)^n}{(2n+1)!}$ (3) $\sum_{n=1}^{\infty} n^2 \left(\dfrac{1-i}{2}\right)^n$

問 3.9* $\lim_{n \to \infty} \left|\dfrac{z_{n+1}}{z_n}\right|$ が存在すれば，$\lim_{n \to \infty} \sqrt[n]{|z_n|} = \lim_{n \to \infty} \left|\dfrac{z_{n+1}}{z_n}\right|$ が成り立つことを示せ．

3.4 べき級数

♦ べき級数の収束・発散 ♦

$a \in \mathbf{C}, \{b_n\} \subset \mathbf{C}$ とする．複素変数 z に対して，第 0 項から始まる関数項級数
$$f(z) = \sum_{n=0}^{\infty} b_n(z-a)^n = b_0 + b_1(z-a) + b_2(z-a)^2 + \cdots$$
のことを，$z = a$ を中心とする**整級数**または**べき級数**という．

注意 $f(z) = \sum_{n=0}^{\infty} b_n(z-a)^n$ は中心 $z = a$ で収束し，その和は b_0 である．

注意 $k > 0$ のとき,$f(z) = \sum_{n=k}^{\infty} b_n(z-a)^n$ は,$b_0 = b_1 = \cdots = b_{k-1} = 0$ と定めることにより $f(z) = \sum_{n=0}^{\infty} b_n(z-a)^n$ と書けるので,べき級数とみなせる.

次に,$z \neq a$ におけるべき級数の収束性について考察する.

次の定理と定理 A.6 をあわせてアーベルの定理という.

定理 3.23 (Abel の定理)

べき級数 $\sum_{n=0}^{\infty} b_n(z-a)^n$ に対して,次が成り立つ.

(1) $z_0\ (\neq a)$ で収束する $\implies$ $|z-a| < |z_0-a|$ で絶対収束する

(2) $z_1\ (\neq a)$ で発散する $\implies$ $|z-a| > |z_1-a|$ で発散する

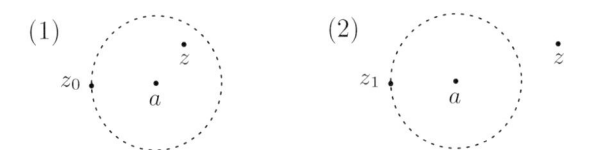

【証明】(1) $\sum_{n=0}^{\infty} b_n(z_0-a)^n$ は収束するので,$\lim_{n\to\infty} b_n(z_0-a)^n = 0$ である.よって

$$|b_n(z_0-a)^n| \leqq M \quad (n = 0, 1, 2, \cdots)$$

をみたす正数 $M > 0$ がとれる.したがって,$|z-a| < |z_0-a|$ のとき,$\left|\dfrac{z-a}{z_0-a}\right| < 1$ より

$$\sum_{n=0}^{\infty} |b_n(z-a)^n| = \sum_{n=0}^{\infty} |b_n(z_0-a)^n| \left|\frac{z-a}{z_0-a}\right|^n$$

$$\leqq M \sum_{n=0}^{\infty} \left|\frac{z-a}{z_0-a}\right|^n < \infty$$

(2) $|z-a| > |z_1-a|$ をみたす z でべき級数が収束すると仮定すると,(1) より z_1 でも収束することになり矛盾する.よって,$|z-a| > |z_1-a|$ をみたす z では発散する. □

◆ 収束半径 ◆

定理 3.23 から，べき級数 $\sum_{n=0}^{\infty} b_n(z-a)^n$ は収束する領域 $\{z \in \boldsymbol{C} \mid |z-a| < R\}$ と発散する領域 $\{z \in \boldsymbol{C} \mid |z-a| > R\}$ をもつことがわかる．このような R をべき級数 $\sum_{n=0}^{\infty} b_n(z-a)^n$ の**収束半径**といい，円周 $|z-a| = R$ を**収束円**という．

注意 $R = 0$ のときは，$z = a$ 以外のどのような z についても発散し，$R = \infty$ のときは，すべての z について収束することを意味する．

収束半径 R を求めるための公式として，コーシー・アダマールの公式とダランベールの公式が知られている．

定理 3.24

べき級数 $\sum_{n=0}^{\infty} b_n(z-a)^n$ の収束半径 R に対して，次が成り立つ．

(1) 収束半径 $R = \lim_{n \to \infty} \dfrac{1}{\sqrt[n]{|b_n|}}$ 　　　(**Cauchy–Hadamard** の公式)

(2) 収束半径 $R = \lim_{n \to \infty} \left| \dfrac{b_n}{b_{n+1}} \right|$ 　　　(**d'Alembert** の公式)

ただし，$1/\infty = 0$, $1/0 = \infty$ と約束する．また，右辺の極限が存在しないときは利用できない．

【証明】(1) $r = \lim_{n \to \infty} \sqrt[n]{|b_n(z-a)^n|} = \lim_{n \to \infty} \sqrt[n]{|b_n|}|z-a|$ とおくと，べき根判定法より $r < 1$ のとき，すなわち $|z-a| < \lim_{n \to \infty} \dfrac{1}{\sqrt[n]{|b_n|}}$ のとき，べき級数は絶対収束する．一方，$r > 1$ のとき，発散する．

(2) $r = \lim_{n \to \infty} \left| \dfrac{b_{n+1}(z-a)^{n+1}}{b_n(z-a)^n} \right| = \lim_{n \to \infty} \left| \dfrac{b_{n+1}}{b_n} \right| |z-a|$ とおくと，比判定法より $r < 1$ のとき，すなわち $|z-a| < \lim_{n \to \infty} \left| \dfrac{b_n}{b_{n+1}} \right|$ のとき，べき級数は絶対収束する．一方，$r > 1$ のとき，発散する． □

例 3.15 $\sum_{n=0}^{\infty} \left(1 + \dfrac{1}{n}\right)^{n^2} (z-1)^n$ の収束半径 R は，$b_n = \left(1 + \dfrac{1}{n}\right)^{n^2}$ とお

くと
$$R = \lim_{n \to \infty} \frac{1}{\sqrt[n]{|b_n|}} = \frac{1}{\lim_{n \to \infty} \left(1 + \frac{1}{n}\right)^n} = \frac{1}{e}$$

例 3.16 $\sum_{n=0}^{\infty} 3^n z^n$ の収束半径 R は, $b_n = 3^n$ とおくと

$$R = \lim_{n \to \infty} \left|\frac{b_n}{b_{n+1}}\right| = \lim_{n \to \infty} \left|\frac{3^n}{3^{n+1}}\right| = \frac{1}{3}$$

また, その極限関数は, 定理 3.16 より

$$\sum_{n=0}^{\infty} 3^n z^n = \frac{1}{1-3z} \quad (|z| < 1/3)$$

問 3.10 次のべき級数の収束半径 R を求めよ.

(1) $\sum_{n=0}^{\infty} \frac{(n!)^2}{(2n+1)!}(z-1)^n$ 　　(2) $\sum_{n=0}^{\infty} \left(\frac{2n-i}{3n+i}\right)^n (z-i)^n$

(3) $\sum_{n=0}^{\infty} \frac{2}{\sqrt{n(n+1)}}(z+1)^n$ 　　(4) $\sum_{n=0}^{\infty} n^2 \left(\frac{2i}{3}\right)^n (3z+i)^n$

第4章 級数展開

4.1 テイラー展開

♦ べき級数展開 ♦

関数 $f(z)$ が級数で表現できるとき，$f(z)$ は**級数展開可能**であるという．とくに，べき級数 $\sum_{n=0}^{\infty} b_n(z-a)^n$ $(|z-a| < R)$ で表現できるとき，$f(z)$ は $z = a$ で**べき級数展開可能**であるといい，$\sum_{n=0}^{\infty} b_n(z-a)^n$ を $f(z)$ の $z = a$ を中心とする**べき級数展開**という．

例 4.1 定理 3.13 より $\sum_{n=0}^{\infty} z^n = 1 + z + z^2 + \cdots = \dfrac{1}{1-z}$ $(|z| < 1)$ だから，$|z| < 1$ における $\dfrac{1}{1-z}$ の $z = 0$ を中心とするべき級数展開は

$$\frac{1}{1-z} = \sum_{n=0}^{\infty} z^n \quad (|z| < 1)$$

例題 4.2 次の関数を指定された領域・指定された点でべき級数展開せよ．
(1) $\dfrac{1}{3-z}$ $(|z| < 3)$, 中心 $z = 0$
(2) $\dfrac{1}{3-z}$ $(|z-1| < 2)$, 中心 $z = 1$

【解答】 $\dfrac{1}{1-z} = \sum_{n=0}^{\infty} z^n$ $(|z| < 1)$ を利用する．

(1) $\left|\dfrac{z}{3}\right| < 1$ のとき

$$\frac{1}{3-z} = \frac{1}{3}\frac{1}{1-\dfrac{z}{3}} = \frac{1}{3}\sum_{n=0}^{\infty}\left(\frac{z}{3}\right)^n$$

よって

$$\frac{1}{3-z} = \sum_{n=0}^{\infty}\frac{1}{3^{n+1}}z^n \quad (|z| < 3)$$

(2) $\left|\dfrac{z-1}{2}\right| < 1$ のとき

$$\frac{1}{3-z} = \frac{1}{2-(z-1)} = \frac{1}{2}\frac{1}{1-\dfrac{z-1}{2}} = \frac{1}{2}\sum_{n=0}^{\infty}\left(\frac{z-1}{2}\right)^n$$

よって

$$\frac{1}{3-z} = \sum_{n=0}^{\infty}\frac{1}{2^{n+1}}(z-1)^n \quad (|z-1| < 2) \qquad \Box$$

問 4.1 次の関数を指定された領域・指定された点でべき級数展開せよ．

(1) $\dfrac{1}{5-z}$ ($|z| < 5$)，中心 $z = 0$

(2) $\dfrac{1}{5-z}$ ($|z+4| < 9$)，中心 $z = -4$

(3) $\dfrac{1}{3+4z}$ ($|z| < 3/4$)，中心 $z = 0$

(4) $\dfrac{1}{3+4z}$ ($|z-1/2| < 5/4$)，中心 $z = 1/2$

♦ **項別積分** ♦

定理 4.1

べき級数 $\sum\limits_{n=0}^{\infty} b_n(z-a)^n$ の収束半径を $R > 0$ とする．このとき，収束円内 $|z-a| < R$ の長さ有限の曲線 C に対して，次が成り立つ．

$$\int_C \sum_{n=0}^{\infty} b_n(z-a)^n dz = \sum_{n=0}^{\infty} b_n \int_C (z-a)^n dz$$

この等式が成立するとき，級数 $\sum\limits_{n=0}^{\infty} b_n(z-a)^n$ は曲線 C 上で**項別積分可能**であるという．

【証明】 付録の定理 A.4 と定理 A.6 からわかる． $\Box$

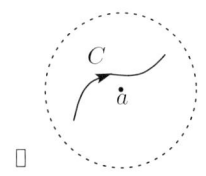

78　第4章　級数展開

◆ 項別微分 ◆

> **定理 4.2**
>
> べき級数 $\sum_{n=0}^{\infty} b_n(z-a)^n$ の収束半径を $R > 0$ とする．このとき，収束円内 $|z-a| < R$ で
> $$\frac{d}{dz}\left(\sum_{n=0}^{\infty} b_n(z-a)^n\right) = \sum_{n=1}^{\infty} n\, b_n(z-a)^{n-1}$$
> $$\left(= \sum_{n=0}^{\infty} \frac{d}{dz}\left(b_n(z-a)^n\right)\right)$$
> が成り立ち，右辺の級数の収束半径も R となる．すなわち，べき級数は収束円内で正則である．

この等式が成立するとき，級数 $\sum_{n=0}^{\infty} b_n(z-a)^n$ は**項別微分可能**であるという．

【証明】簡単のために，$R = \lim_{n\to\infty}\left|\dfrac{b_n}{b_{n+1}}\right|$ の場合のみ示す．右辺の級数の収束半径を R_1 とすると
$$R_1 = \lim_{n\to\infty}\left|\frac{n\, b_n}{(n+1)b_{n+1}}\right| = \lim_{n\to\infty}\frac{1}{1+1/n}\left|\frac{b_n}{b_{n+1}}\right| = R$$
となり，収束半径は等しいことがわかる．

$f(z) = \sum_{n=0}^{\infty} b_n(z-a)^n$ とおき，$|z_0-a| < R$ をみたす点 z_0 をとり，$|z_0-a| \leqq r < R$ となる r をとる．このとき，$|z-a| \leqq r, z \neq z_0$ に対して
$$\frac{f(z)-f(z_0)}{z-z_0} = \frac{1}{(z-a)-(z_0-a)}\sum_{n=0}^{\infty} b_n\left((z-a)^n - (z_0-a)^n\right)$$
$$= \sum_{n=1}^{\infty} b_n\left((z-a)^{n-1} + (z-a)^{n-2}(z_0-a) + \cdots + (z_0-a)^{n-1}\right)$$

ここで，$z \to z_0$ とすると
$$\text{左辺} \longrightarrow f'(z_0), \quad \text{右辺} \longrightarrow \sum_{n=1}^{\infty} n\, b_n(z_0-a)^{n-1}$$

がわかる[1]. よって，z_0 の任意性から結論を得る. □

注意 べき級数は収束円内で何回でも項別微分可能で，次が成り立つ.

$$\frac{d^m}{dz^m}\left(\sum_{n=0}^{\infty} b_n(z-a)^n\right) = \sum_{n=0}^{\infty} \frac{d^m}{dz^m}\left(b_n(z-a)^n\right)$$

例題 4.3 $\dfrac{1}{(1-z)^3}$ ($|z|<1$) を中心 $z=0$ でべき級数展開せよ.

【解答】 $f(z) = \dfrac{1}{1-z}$ ($|z|<1$) とおくと

$$f'(z) = \frac{1}{(1-z)^2}, \qquad f''(z) = \frac{2}{(1-z)^3}$$

一方，$f(z) = \dfrac{1}{1-z} = \sum_{n=0}^{\infty} z^n$ ($|z|<1$) だから項別微分すると

$$\frac{1}{(1-z)^3} = \frac{1}{2} f''(z) = \frac{1}{2}\sum_{n=0}^{\infty}\frac{d^2}{dz^2}z^n = \frac{1}{2}\sum_{n=2}^{\infty} n(n-1)z^{n-2} \quad (|z|<1)$$

ここで，$m = n-2$ とおくと

$$\frac{1}{(1-z)^3} = \frac{1}{2}\sum_{m=0}^{\infty}(m+2)(m+1)z^m \quad (|z|<1) \qquad □$$

例題 4.4 $\dfrac{1}{z^2}$ ($|z-1|<1$) を中心 $z=1$ でべき級数展開せよ.

【解答】 $f(z) = \dfrac{1}{z}$ ($|z-1|<1$) とおくと，$f'(z) = \dfrac{-1}{z^2}$ となる. 一方

$$f(z) = \frac{1}{1-(-(z-1))} = \sum_{n=0}^{\infty}(-1)^n(z-1)^n \quad (|z-1|<1)$$

---

[1] 厳密には
$$\left|b_n\left((z-a)^{n-1} + (z-a)^{n-2}(z_0-a) + \cdots + (z_0-a)^{n-1}\right)\right|$$
$$\leqq |b_n|(r^{n-1} + r^{n-1} + \cdots + r^{n-1}) = n|b_n|r^{n-1}$$

一方
$$\lim_{n\to\infty}\frac{(n+1)|b_{n+1}|r^n}{n|b_n|r^{n-1}} = \lim_{n\to\infty}\left(1+\frac{1}{n}\right)\frac{|b_{n+1}|}{|b_n|}r = \frac{r}{R} < 1$$

より $\sum_{n=1}^{\infty} n|b_n|r^{n-1} < \infty$ となる. したがって，$z \to z_0$ とすると定理 A.3 と定理 A.6 より

$$\sum_{n=1}^{\infty} b_n\left((z-a)^{n-1} + (z-a)^{n-2}(z_0-a) + \cdots + (z_0-a)^{n-1}\right) \to \sum_{n=1}^{\infty} n\,b_n(z_0-a)^{n-1}$$

がわかる.

だから項別微分すると

$$\frac{1}{z^2} = -f'(z) = -\sum_{n=0}^{\infty} \frac{d}{dz}(-1)^n(z-1)^n$$

$$= \sum_{n=1}^{\infty} n(-1)^{n-1}(z-1)^{n-1} \quad (|z-1|<1)$$

ここで，$m = n-1$ とおくと

$$\frac{1}{z^2} = \sum_{m=0}^{\infty} (m+1)(-1)^m (z-1)^m \quad (|z-1|<1) \qquad \square$$

> **問 4.2** 次の関数を指定された領域・指定された点でべき級数展開せよ．
>
> (1) $\dfrac{1}{(1-3z)^3}$ ($|z|<1/3$), 中心 $z=0$ (2) $\dfrac{1}{z^3}$ ($|z-1|<1$), 中心 $z=1$
>
> (3) $\dfrac{1}{(3-2z)^2}$ ($|z|<3/2$), 中心 $z=0$ (4) $\dfrac{1}{z^4}$ ($|z-i|<1$), 中心 $z=i$

定理 4.3

関数 $f(z)$ の $z=a$ におけるべき級数展開は一意的である．

【証明】 $f(z)$ のべき級数展開を

$$f(z) = \sum_{n=0}^{\infty} b_n(z-a)^n \quad \text{および} \quad f(z) = \sum_{n=0}^{\infty} c_n(z-a)^n$$

とすると，$0 = \sum_{n=0}^{\infty} b_n(z-a)^n - \sum_{n=0}^{\infty} c_n(z-a)^n = \sum_{n=0}^{\infty} (b_n - c_n)(z-a)^n$ だから，これに $z=a$ を代入すると $b_0 = c_0$ を得る．項別微分すると

$$0 = \sum_{n=1}^{\infty} n(b_n - c_n)(z-a)^{n-1}$$

これに $z=a$ を代入すると $b_1 = c_1$ を得る．さらに，項別微分を繰り返して，$z=a$ を代入すると $b_n = c_n$ $(n=0,1,2,\cdots)$ となり，一意性がわかる． $\square$

定理 4.4

$f(z) = \sum_{n=0}^{\infty} b_n(z-a)^n$ は収束円内で

$$f(z) = \sum_{n=0}^{\infty} \frac{f^{(n)}(a)}{n!}(z-a)^n$$

と書ける．すなわち $b_n = \dfrac{f^{(n)}(a)}{n!}$ $(n=0,1,2,\cdots)$ となる．

【証明】 $f(z)$ の収束円内で項別微分を繰り返せば

$$f'(z) = \sum_{n=1}^{\infty} n\, b_n (z-a)^{n-1}$$

$$f''(z) = \sum_{n=2}^{\infty} n(n-1)\, b_n (z-a)^{n-2}$$

$$\cdots \cdots$$

$$f^{(k)}(z) = \sum_{n=k}^{\infty} n(n-1)\cdots(n-k+1)\, b_n (z-a)^{n-k}$$

これに $z=a$ を代入すると

$$f^{(k)}(a) = k!\cdot b_k \quad \text{すなわち} \quad b_k = \frac{f^{(k)}(a)}{k!}$$

$(k=0,1,2,\cdots)$ がわかる. □

♦ テイラー展開 ♦

定理 4.2 よりべき級数は収束円内で正則であることがわかった. ここでは, 逆に, 点 a で正則な関数は中心 $z=a$ でべき級数展開可能であることを考察する.

定理 4.5 (Taylor 展開)

関数 $f(z)$ は開円板 $D = \{z \in \boldsymbol{C} \mid |z-a| < R\}$ で正則とする. このとき, $f(z)$ は点 a を中心とする級数

$$f(z) = \sum_{n=0}^{\infty} b_n (z-a)^n \quad (z \in D)$$

に展開できる. ここで, $n=0,1,2,\cdots$ に対して

$$b_n = \frac{1}{2\pi i} \int_{|\zeta-a|=r} \frac{f(\zeta)}{(\zeta-a)^{n+1}}\, d\zeta \quad (0 < r < R)$$

このべき級数展開を**テイラー展開**といい, 右辺のべき級数を $f(z)$ の**テイラー級数**という.

注意 定理 4.3 よりテイラー展開は一意的であることがわかる.

注意 定理 4.3 と定理 4.4 と定理 4.5 より

$$b_n = \frac{f^{(n)}(a)}{n!} = \frac{1}{2\pi i} \int_{|z-a|=r} \frac{f(z)}{(z-a)^{n+1}}\, dz$$

すなわち，一般化されたコーシーの積分表示 (定理 2.22)

$$f^{(n)}(a) = \frac{n!}{2\pi i} \int_{|z-a|=r} \frac{f(z)}{(z-a)^{n+1}} dz$$

を得る．

【証明】 $|z_0 - a| < R$ をみたす点 z_0 をとる．$|z_0 - a| < r < R$ に対して，$C = \{z \in \boldsymbol{C} \mid |z - a| = r\}$ とすると，コーシーの積分表示より

$$f(z_0) = \frac{1}{2\pi i} \int_C \frac{f(z)}{z - z_0} dz$$

が成り立つ．ここで，$z \in C$ に対して

$$\left| \frac{z_0 - a}{z - a} \right| = \frac{|z_0 - a|}{r} < 1$$

だから

$$\frac{1}{z - z_0} = \frac{1}{(z-a) - (z_0 - a)} = \frac{1}{z-a} \frac{1}{1 - \dfrac{z_0 - a}{z - a}} = \frac{1}{z-a} \sum_{n=0}^{\infty} \left(\frac{z_0 - a}{z - a} \right)^n$$

したがって，項別積分すると

$$\begin{aligned}
f(z_0) &= \frac{1}{2\pi i} \int_C \sum_{n=0}^{\infty} \frac{f(z)}{(z-a)^{n+1}} (z_0 - a)^n \, dz \\
&= \frac{1}{2\pi i} \sum_{n=0}^{\infty} \int_C \frac{f(z)}{(z-a)^{n+1}} (z_0 - a)^n \, dz \\
&= \sum_{n=0}^{\infty} b_n (z_0 - a)^n, \quad b_n = \frac{1}{2\pi i} \int_C \frac{f(z)}{(z-a)^{n+1}} \, dz
\end{aligned}$$

さらに，z_0 の任意性から

$$f(z) = \sum_{n=0}^{\infty} b_n (z - a)^n \quad (z \in D)$$

がわかる． □

♦ テイラー展開の例 ♦

命題 4.6 (中心 $z=0$ における **Taylor** 展開)

(1) $e^z = \sum_{n=0}^{\infty} \dfrac{1}{n!} z^n = 1 + \dfrac{z}{1!} + \dfrac{z^2}{2!} + \dfrac{z^3}{3!} + \cdots \quad (z \in \boldsymbol{C})$

(2) $\cos z = \sum_{n=0}^{\infty} \dfrac{(-1)^n}{(2n)!} z^{2n} = 1 - \dfrac{z^2}{2!} + \dfrac{z^4}{4!} - \dfrac{z^6}{6!} + \cdots \quad (z \in \boldsymbol{C})$

(3) $\sin z = \sum_{n=0}^{\infty} \dfrac{(-1)^n}{(2n+1)!} z^{2n+1} = z - \dfrac{z^3}{3!} + \dfrac{z^5}{5!} - \dfrac{z^7}{7!} + \cdots \quad (z \in \boldsymbol{C})$

(4) $\dfrac{1}{1-z} = \sum_{n=0}^{\infty} z^n = 1 + z + z^2 + z^3 + \cdots \quad (|z| < 1)$

(5) $\mathrm{Log}\,(1+z) = \sum_{n=0}^{\infty} \dfrac{(-1)^n}{n+1} z^{n+1} = z - \dfrac{z^2}{2} + \dfrac{z^3}{3} - \dfrac{z^4}{4} + \cdots \quad (|z| < 1)$

【証明】(1) $f(z) = e^z$ とおくと，$f^{(n)}(z) = e^z$ より $f^{(n)}(0) = e^0 = 1$ だから

$$f(z) = \sum_{n=0}^{\infty} \frac{f^{(n)}(0)}{n!} z^n = \sum_{n=0}^{\infty} \frac{1}{n!} z^n$$

一方，収束半径 R は，$b_n = \dfrac{1}{n!}$ とすると $R = \lim_{n \to \infty} \left| \dfrac{b_n}{b_{n+1}} \right| = \lim_{n \to \infty} (n+1) = \infty$ である．よって

$$e^z = \sum_{n=0}^{\infty} \frac{1}{n!} z^n \quad (z \in \boldsymbol{C})$$

(2) (1) より

$$\cos z = \frac{1}{2}(e^{iz} + e^{-iz}) = \frac{1}{2} \left(\sum_{n=0}^{\infty} \frac{(iz)^n}{n!} + \sum_{n=0}^{\infty} \frac{(-iz)^n}{n!} \right)$$

$$= \sum_{n=0}^{\infty} \frac{1}{2}(1 + (-1)^n) \frac{i^n}{n!} z^n$$

$$= 1 - \frac{z^2}{2!} + \frac{z^4}{4!} - \frac{z^6}{6!} + \cdots \quad (z \in \boldsymbol{C})$$

(3) (2) を利用して，項別微分すると

$$\sin z = -\frac{d}{dz}(\cos z) = -\frac{d}{dz} \left(1 - \frac{z^2}{2!} + \frac{z^4}{4!} - \frac{z^6}{6!} + \cdots \right)$$

$$= z - \frac{z^3}{3!} + \frac{z^5}{5!} - \frac{z^7}{7!} + \cdots \quad (z \in \boldsymbol{C})$$

(4) 例 4.1 で示した.

(5) $f(z) = \text{Log}(1+z)$ とおくと, (4) より
$$f'(z) = \frac{1}{1+z} = \frac{1}{1-(-z)} = \sum_{n=0}^{\infty} (-1)^n z^n \quad (|z|<1)$$
一方, $f(z)$ は $|z|<1$ で正則だから
$$f(z) = \sum_{n=0}^{\infty} b_n z^n \quad (|z|<1)$$
と級数展開できる. このとき
$$b_0 = f(0) = \text{Log}\, 1 = 0$$
また, 項別微分すると
$$f'(z) = \sum_{n=1}^{\infty} n\, b_n z^{n-1} = \sum_{n=0}^{\infty} (n+1)\, b_{n+1} z^n \quad (|z|<1)$$
だから $(n+1)\, b_{n+1} = (-1)^n \ (n=0,1,2,\cdots)$ すなわち
$$b_n = \frac{(-1)^{n-1}}{n} \quad (n=1,2,3,\cdots)$$
したがって, 収束半径 R は
$$R = \lim_{n \to \infty} \left|\frac{b_n}{b_{n+1}}\right| = \lim_{n \to \infty} \frac{n+1}{n} = 1$$
よって
$$\text{Log}(1+z) = \sum_{n=1}^{\infty} \frac{(-1)^{n-1}}{n} z^n = \sum_{n=0}^{\infty} \frac{(-1)^n}{n+1} z^{n+1} \quad (|z|<1) \qquad \square$$

例 4.5 命題 1.9 と命題 4.6 より

(1) $\cosh z = \cos(iz) = \displaystyle\sum_{n=0}^{\infty} \frac{(-1)^n}{(2n)!}(iz)^{2n} = \sum_{n=0}^{\infty} \frac{1}{(2n)!} z^{2n}$

$\quad = 1 + \dfrac{z^2}{2!} + \dfrac{z^4}{4!} + \dfrac{z^6}{6!} + \cdots \quad (z \in \boldsymbol{C})$

(2) $\sinh z = -i\sin(iz) = \displaystyle\sum_{n=0}^{\infty} \frac{-i(-1)^n}{(2n+1)!}(iz)^{2n+1} = \sum_{n=0}^{\infty} \frac{1}{(2n+1)!} z^{2n+1}$

$\quad = z + \dfrac{z^3}{3!} + \dfrac{z^5}{5!} + \dfrac{z^7}{7!} + \cdots \quad (z \in \boldsymbol{C})$

例 4.6 e^z の中心 $z=1$ におけるテイラー展開は命題 4.6 より
$$e^z = e\, e^{z-1} = e\sum_{n=0}^{\infty} \frac{1}{n!}(z-1)^n \quad (z \in \boldsymbol{C})$$

例 4.7 $\cos z$ の中心 $z = -\pi/2$ におけるテイラー展開は命題 4.6 より
$$\cos z = \cos\left(z + \frac{\pi}{2} - \frac{\pi}{2}\right) = \sin\left(z + \frac{\pi}{2}\right)$$
$$= \sum_{n=0}^{\infty} \frac{(-1)^n}{(2n+1)!}\left(z + \frac{\pi}{2}\right)^{2n+1} \quad (z \in \boldsymbol{C})$$

問 4.3 次の関数を指定された点でテイラー展開せよ．
(1) e^z, 中心 $z = -i$ (2) e^{3z}, 中心 $z = -1$
(3) $\sin z$, 中心 $z = \pi/2$ (4) $\sin^2 z$, 中心 $z = 0$

例 4.8 $\dfrac{1}{(z-1)(z-3)}$ ($|z|<1$) の中心 $z=0$ におけるテイラー展開は，$|z|<1$ のとき
$$\frac{1}{z-1} = -\frac{1}{1-z} = -\sum_{n=0}^{\infty} z^n, \quad \frac{1}{z-3} = -\frac{1}{3}\frac{1}{1-\dfrac{z}{3}} = -\frac{1}{3}\sum_{n=0}^{\infty}\left(\frac{z}{3}\right)^n$$

だから
$$\frac{1}{(z-1)(z-3)} = \frac{-1}{2}\left(\frac{1}{z-1} - \frac{1}{z-3}\right)$$
$$= \frac{1}{2}\sum_{n=0}^{\infty}\left(1 - \frac{1}{3^{n+1}}\right)z^n \quad (|z|<1)$$

例 4.9 $\dfrac{1}{(z-1)(z-3)}$ ($|z-2|<1$) の中心 $z=2$ とするテイラー展開は，$|z-2|<1$ のとき
$$\frac{1}{z-1} = \frac{1}{1-(-(z-2))} = \sum_{n=0}^{\infty}(-1)^n(z-2)^n$$
$$\frac{1}{z-3} = \frac{-1}{1-(z-2)} = -\sum_{n=0}^{\infty}(z-2)^n$$

だから
$$\frac{1}{(z-1)(z-3)} = \frac{-1}{2}\left(\frac{1}{z-1} - \frac{1}{z-3}\right)$$

$$= \sum_{n=0}^{\infty} \frac{-1}{2} \left((-1)^n + 1\right) (z-2)^n = -1 - (z-2)^2 - (z-2)^4 - \cdots$$

$$= -\sum_{n=0}^{\infty} (z-2)^{2n} \quad (|z-2| < 1)$$

問 4.4 次の関数を指定された領域・指定された点でべき級数展開せよ．

(1) $\dfrac{1}{(z+1)(z+3)}$ $\quad (|z| < 1), \quad$ 中心 $z = 0$

(2) $\dfrac{1}{z(z+2i)}$ $\quad (|z+i| < 1), \quad$ 中心 $z = -i$

4.2 ローラン展開

点 a で正則とは限らない関数を a を中心とする級数に展開することを考える．

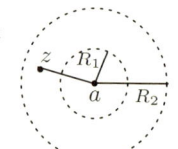

♦ **ローラン展開** ♦

─ 定理 4.7 (**Laurent 展開**) ──────

$0 \leqq R_1 < R_2 \leqq \infty$ とする．関数 $f(z)$ は円環領域 $D = \{z \in \boldsymbol{C} \mid R_1 < |z-a| < R_2\}$ で正則とする．このとき，$f(z)$ は $z = a$ を中心とする級数

$$f(z) = \sum_{n=1}^{\infty} \frac{b_{-n}}{(z-a)^n} + \sum_{n=0}^{\infty} b_n (z-a)^n \quad (z \in D)$$

に展開できる．ここで，$m \in \boldsymbol{Z}$ に対して

$$b_m = \frac{1}{2\pi i} \int_{|\zeta - a| = r} \frac{f(\zeta)}{(\zeta - a)^{m+1}} \, d\zeta \quad (R_1 < r < R_2)$$

────────────────────

この級数展開を**ローラン展開**といい，右辺の級数を**ローラン級数**という．また，$f(z)$ のローラン展開は

─────────────────── Laurent 展開 ─

$$f(z) = \sum_{n=-\infty}^{\infty} b_n (z-a)^n \quad (z \in D)$$

────────────────────

と書いてもよい．

【証明】 $R_1 < |z-a| < R_2$ をみたす点 z をとり,$R_1 < r_1 < |z-a| < r_2 < R_2$ となる r_1, r_2 をとる.このとき

$$C_1 = \{z \in \boldsymbol{C} \mid |z-a| = r_1\}$$
$$C_2 = \{z \in \boldsymbol{C} \mid |z-a| = r_2\}$$

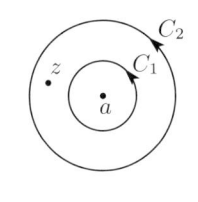

とすると,コーシーの積分表示 (定理 2.21) より

$$f(z) = \frac{1}{2\pi i} \int_{C_2} \frac{f(\zeta)}{\zeta - z} \, d\zeta - \frac{1}{2\pi i} \int_{C_1} \frac{f(\zeta)}{\zeta - z} \, d\zeta$$

と書ける.

$\zeta \in C_2$ とすると $|z-a| < |\zeta - a|$ より $\left|\dfrac{z-a}{\zeta - a}\right| < 1$ だから

$$\frac{1}{\zeta - z} = \frac{1}{(\zeta - a) - (z - a)} = \frac{1}{\zeta - a} \frac{1}{1 - \dfrac{z-a}{\zeta - a}}$$

$$= \frac{1}{\zeta - a} \sum_{n=0}^{\infty} \left(\frac{z-a}{\zeta - a}\right)^n = \sum_{n=0}^{\infty} \frac{(z-a)^n}{(\zeta - a)^{n+1}}$$

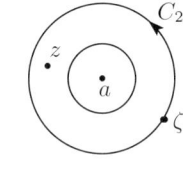

が成り立つ.

$\zeta \in C_1$ とすると $|z-a| > |\zeta - a|$ より $\left|\dfrac{\zeta - a}{z-a}\right| < 1$ だから

$$-\frac{1}{\zeta - z} = \frac{1}{(z-a) - (\zeta - a)} = \frac{1}{z-a} \frac{1}{1 - \dfrac{\zeta - a}{z-a}}$$

$$= \frac{1}{z-a} \sum_{n=0}^{\infty} \left(\frac{\zeta - a}{z-a}\right)^n = \sum_{n=1}^{\infty} \frac{(\zeta - a)^{n-1}}{(z-a)^n}$$

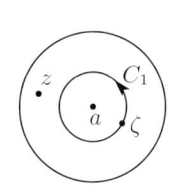

が成り立つ.

したがって,項別積分すると

$$f(z) = \frac{1}{2\pi i} \int_{C_2} \sum_{n=0}^{\infty} f(\zeta) \frac{(z-a)^n}{(\zeta - a)^{n+1}} \, d\zeta$$

$$+ \frac{1}{2\pi i} \int_{C_1} \sum_{n=1}^{\infty} f(\zeta) \frac{(\zeta - a)^{n-1}}{(z-a)^n} \, d\zeta$$

$$= \sum_{n=0}^{\infty} \frac{1}{2\pi i} \int_{C_2} \frac{f(\zeta)}{(\zeta - a)^{n+1}} \, d\zeta (z-a)^n$$

$$+ \sum_{n=1}^{\infty} \frac{1}{2\pi i} \int_{C_1} \frac{f(\zeta)}{(\zeta - a)^{-n+1}} \, d\zeta \frac{1}{(z-a)^n}$$

また，$R_1 < r < R_2$ に対して $C = \{z \in \boldsymbol{C} \mid |z-a| = r\}$ とすると，コーシーの積分定理より積分路 C_1, C_2 はともに C に変更できるので

$$f(z) = \sum_{n=0}^{\infty} b_n(z-a)^n + \sum_{n=1}^{\infty} \frac{b_{-n}}{(z-a)^n}$$

が成り立つ． □

定理 4.8

円環領域で正則な関数 $f(z)$ の $z = a$ におけるローラン展開は一意的である．

【証明】 $0 \leqq R_1 < |z-a| < R_2 \leqq \infty$ における $f(z)$ のローラン展開を

$$f(z) = \sum_{n=-\infty}^{\infty} b_n(z-a)^n \quad \text{および} \quad f(z) = \sum_{m=-\infty}^{\infty} d_m(z-a)^m$$

とする．定理 4.7 より $C : |z-a| = r \ (R_1 < r < R_2)$ と $n \in \boldsymbol{Z}$ に対して

$$b_n = \frac{1}{2\pi i} \int_C \frac{f(z)}{(z-a)^{n+1}} \, dz = \frac{1}{2\pi i} \int_C \frac{\sum_{m=-\infty}^{\infty} d_m(z-a)^m}{(z-a)^{n+1}} \, dz$$

ここで，項別積分すると定理 2.20 より

$$b_n = \sum_{m=-\infty}^{\infty} d_m \frac{1}{2\pi i} \int_C (z-a)^{m-n-1} dz$$

$$= \sum_{m=-\infty}^{\infty} d_m \times \begin{cases} 1 & (m = n) \\ 0 & (m \neq n) \end{cases} = d_n \quad (n \in \boldsymbol{Z})$$

を得る． □

例題 4.10 $f(z) = \dfrac{1}{(z-1)(z-3)}$ を $1 < |z| < 3$ において中心 $z = 0$ でローラン展開せよ．

【解答】 $1 < |z| < 3$ のとき，$\left|\dfrac{1}{z}\right| < 1, \left|\dfrac{z}{3}\right| < 1$ だから

$$\frac{1}{z-1} = \frac{1}{z}\frac{1}{1-\dfrac{1}{z}} = \frac{1}{z}\sum_{n=0}^{\infty}\left(\frac{1}{z}\right)^n$$

$$\frac{1}{z-3} = \frac{-1}{3}\frac{1}{1-\dfrac{z}{3}} = \frac{-1}{3}\sum_{n=0}^{\infty}\left(\frac{z}{3}\right)^n$$

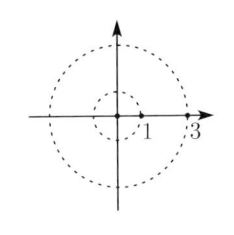

よって

$$f(z) = \frac{-1}{2}\left(\frac{1}{z-1} - \frac{1}{z-3}\right) = \frac{-1}{2}\left(\sum_{n=0}^{\infty}\frac{1}{z^{n+1}} + \sum_{n=0}^{\infty}\frac{1}{3^{n+1}}z^n\right)$$

$$= \frac{-1}{2}\left(\sum_{n=1}^{\infty}\frac{1}{z^n} + \sum_{n=0}^{\infty}\frac{1}{3^{n+1}}z^n\right) \quad (1 < |z| < 3) \qquad \square$$

例題 4.11 $f(z) = \dfrac{1}{(z-1)(z-3)}$ を中心 $z=1$ でローラン展開せよ．

【解答】$f(z)$ は 2 点 $z=1,3$ で正則でないから $0 < |z-1| < 2$ と $|z-1| > 2$ においてローラン展開することを考える．

(i) $0 < |z-1| < 2$ のとき，$\left|\dfrac{z-1}{2}\right| < 1$ だから

$$\frac{1}{z-3} = \frac{1}{(z-1)-2} = \frac{-1}{2}\frac{1}{1-\dfrac{z-1}{2}} = \frac{-1}{2}\sum_{n=0}^{\infty}\left(\frac{z-1}{2}\right)^n$$

よって

$$f(z) = \sum_{n=0}^{\infty}\frac{-1}{2^{n+1}}(z-1)^{n-1}$$

$$= \sum_{n=-1}^{\infty}\frac{-1}{2^{n+2}}(z-1)^n \quad (0 < |z-1| < 2)$$

(ii) $|z-1| > 2$ のとき，$\left|\dfrac{2}{z-1}\right| < 1$ だから

$$\frac{1}{z-3} = \frac{1}{(z-1)-2} = \frac{1}{z-1}\frac{1}{1-\dfrac{2}{z-1}} = \frac{1}{z-1}\sum_{n=0}^{\infty}\left(\frac{2}{z-1}\right)^n$$

よって
$$f(z) = \sum_{n=0}^{\infty} \frac{2^n}{(z-1)^{n+2}}$$
$$= \sum_{n=2}^{\infty} \frac{2^{n-2}}{(z-1)^n} \quad (|z-1| > 2)$$

問 4.5 次の関数 $f(z)$ を指定された点でローラン展開せよ．

(1) $f(z) = \dfrac{1}{z(z-1)}$, 中心 $z = 0$　(2) $f(z) = \dfrac{1}{(z-1)(z-3)}$, 中心 $z = 3$

(3) $f(z) = \dfrac{1}{z(z+i)}$, 中心 $z = -i$　(4) $f(z) = \dfrac{1}{(z-i)(z-3i)}$, 中心 $z = 3i$

例題 4.12 $f(z) = \dfrac{1}{z^2(z-1)^3}$ を $0 < |z| < 1$ において中心 $z = 0$ でローラン展開せよ．

【解答】例題 4.3 より
$$\frac{1}{(z-1)^3} = -\frac{1}{(1-z)^3} = -\frac{1}{2}\sum_{n=2}^{\infty} n(n-1)z^{n-2} \quad (|z| < 1)$$
だから，$0 < |z| < 1$ のとき
$$f(z) = -\frac{1}{2}\sum_{n=2}^{\infty} n(n-1)z^{n-4}$$
$$= -\frac{1}{2}\sum_{n=-2}^{\infty} (n+4)(n+3)z^n \quad (0 < |z| < 1)$$

例題 4.13 $f(z) = \dfrac{e^z}{(z-1)^3}$ を $|z-1| > 0$ において中心 $z = 1$ でローラン展開せよ．

【解答】例 4.6 より
$$e^z = e\,e^{z-1} = e\sum_{n=0}^{\infty} \frac{1}{n!}(z-1)^n$$
だから，$|z-1| > 0$ のとき
$$f(z) = e\sum_{n=0}^{\infty} \frac{1}{n!}(z-1)^{n-3}$$
$$= e\sum_{n=-3}^{\infty} \frac{1}{(n+3)!}(z-1)^n \quad (|z-1| > 0)$$

問 4.6 次の関数 $f(z)$ を指定された領域・指定された点でローラン展開せよ．

(1) $f(z) = \dfrac{1}{z^2(z-1)^3}$ $(0 < |z-1| < 1)$, 中心 $z = 1$

(2) $f(z) = \dfrac{\sin z}{z - \pi}$ $(|z - \pi| > 0)$, 中心 $z = \pi$

(3) $f(z) = z^2 \cos \dfrac{1}{z}$ $(|z| > 0)$, 中心 $z = 0$

(4) $f(z) = \dfrac{e^z - 1}{z^3}$ $(|z| > 0)$, 中心 $z = 0$

4.3 留数定理

♦ **孤立特異点** ♦

関数 $f(z)$ が正則でない点を $f(z)$ の**特異点**という．さらに，$f(z)$ が特異点 a を除く a の近傍で正則であるとき，a を $f(z)$ の**孤立特異点**という（すなわち，$f(z)$ は領域 $0 < |z - a| < R$ で正則かつ $z = a$ で正則でない）．

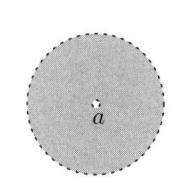

点 a を $f(z)$ の孤立特異点とするとき，もし a における $f(z)$ の値を適当に定めることによって $f(z)$ が a の近傍（$|z - a| < R$）で正則にできるとき，a を $f(z)$ の**除去可能な特異点**という．

例 4.14 (1) $f(z) = \dfrac{z^2}{z}$ は $z \neq 0$ で正則であるが，$z = 0$ で定義されていない．そこで，$\lim_{z \to 0} \dfrac{z^2}{z} = 0$ より $f(0) = 0$ と定めると $f(z) = z$ $(z \in \mathbf{C})$ となり，$f(z)$ は $z = 0$ を含めて正則となる．

よって，$z = 0$ は $\dfrac{z^2}{z}$ の除去可能な特異点である．

(2) $f(z) = \dfrac{\sin z}{z}$ は $z \neq 0$ で正則であるが，$z = 0$ で定義されていない．そこで，$\lim_{z \to 0} \dfrac{\sin z}{z} = 1$ より $f(0) = 1$ と定めると $f(z) = \sum_{n=0}^{\infty} \dfrac{(-1)^n}{(2n+1)!} z^{2n}$ $(z \in \mathbf{C})$ となり，$f(z)$ は $z = 0$ を含めて正則となる．

よって，$z = 0$ は $\dfrac{\sin z}{z}$ の除去可能な特異点である．

(3) 関数 $f(z)$ の特異点 a を中心とするローラン展開が負べきの項をもたな

い，すなわち

$$f(z) = b_0 + b_1(z-a) + b_2(z-a)^2 + \cdots \quad (0 < |z-a| < R)$$

ならば，$z = a$ は $f(z)$ の除去可能な特異点である．

実際，$\lim_{z \to a} f(z) = b_0$ だから $f(a) = b_0$ と定めれば，$f(z)$ は $z = a$ を含めて正則となる．

問 4.7 * 関数 $f(z)$ が $0 < |z-a| < R$ で正則かつ有界ならば a は $f(z)$ の除去可能な特異点であること (**Reimann の定理**) を示せ．

♦ **k 位の極** ♦

関数 $f(z)$ の $0 < |z-a| < R$ におけるローラン展開の負べきの項

$$\sum_{m=1}^{\infty} \frac{b_{-m}}{(z-a)^m} = \frac{b_{-1}}{z-a} + \frac{b_{-2}}{(z-a)^2} + \frac{b_{-3}}{(z-a)^3} + \cdots$$

をローラン展開の**主部**または**主要部**という．

とくに，主部が有限和であるとき，すなわち

$$f(z) = \frac{b_{-k}}{(z-a)^k} + \cdots + \frac{b_{-1}}{z-a} + \sum_{n=0}^{\infty} b_n (z-a)^n, \quad b_{-k} \neq 0$$

と級数展開できるとき，a を $f(z)$ の **k 位の極**または**位数 k の極**という．

一方，主部が無限和であるとき，a を $f(z)$ の**真性特異点**という．

したがって，$f(z)$ の孤立特異点 a における特異性を，ローラン展開の主部で次のように分類できる．

―――――――――――――――――――――― 特異性 ―

(I) 主部をもたない．すなわち，a が**除去可能な特異点**の場合

(II) 有限和からなる主部をもつ．すなわち，a が**極**の場合

(III) 無限和からなる主部をもつ．すなわち，a が**真性特異点**の場合

例 4.15 (1) $\dfrac{1}{(z-3)^2}$ は 2 位の極 $z = 3$ をもつ．

(2) $\dfrac{1}{z^2(z-1)^3}$ は 2 位の極 $z = 0$ と 3 位の極 $z = 1$ をもつ (例題 4.12，問 4.6 (1) 参照)．実際

$$\frac{1}{z^2(z-1)^3} = -\frac{1}{2}\sum_{n=-2}^{\infty}(n+4)(n+3)z^n \quad (0<|z|<1)$$

$$\frac{1}{z^2(z-1)^3} = \sum_{n=-3}^{\infty}(n+4)(-1)^{n+3}(z-1)^n \quad (0<|z-1|<1)$$

(3) $\dfrac{e^z}{(z-1)^3}$ は 3 位の極 $z=1$ をもつ (例題 4.13 参照). 実際

$$\frac{e^z}{(z-1)^3} = \sum_{n=-3}^{\infty}\frac{e}{(n+3)!}(z-1)^n \quad (|z-1|>0)$$

― 定理 4.9 ―――――――――――――――――――――――
関数 $f(z)$ が k 位の極 $z=a$ をもち, 関数 $g(z)$ が $z=a$ で正則かつ $g(a)\neq 0$ ならば $h(z)=f(z)g(z)$ は k 位の極 $z=a$ をもつ.

【証明】 a の近傍で

$$f(z) = \sum_{n=-k}^{\infty} b_n(z-a)^n, \quad b_{-k} \neq 0$$

とする. $g(z)$ は $z=a$ で正則かつ $g(a)\neq 0$ だから a の近傍で

$$g(z) = \sum_{n=0}^{\infty} c_n(z-a)^n, \quad c_0 \neq 0$$

とテイラー展開できるから, $h(z)=f(z)g(z)$ は a の近傍で

$$h(z) = \sum_{n=-k}^{\infty} d_n(z-a)^n, \quad d_{-k} = b_{-k}\cdot c_0 \neq 0$$

とローラン展開できる. □

♦ 留数 ♦

$f(z)$ は $0<|z-a|<R$ で正則とする. 定理 2.18 より $0<r<R$ に対して

$$\frac{1}{2\pi i}\int_{|z-a|=r} f(z)\,dz = \text{一定値}$$

であった. この値を $f(z)$ の a における**留数** (residue) といい, $\mathrm{Res}\,(f;a)$, $\mathrm{Res}\,(a)$ などと書く.

―― 留数の定義 ――
$$\mathrm{Res}\,(f;a) = \frac{1}{2\pi i}\int_{|z-a|=r} f(z)\,dz \quad (0 < r < R)$$

すなわち

$$\int_{|z-a|=r} f(z)\,dz = 2\pi i \cdot \mathrm{Res}\,(f;a) \quad (0 < r < R)$$

例 4.16 $f_n(z) = (z-a)^n\ (n \in \mathbf{Z})$ とする．例題 2.11 より

$$\int_{|z-a|=r} (z-a)^n\,dz = \begin{cases} 2\pi i & (n = -1) \\ 0 & (n \neq -1) \end{cases}$$

だから

$$\mathrm{Res}\,(f_n;a) = \frac{1}{2\pi i}\int_{|z-a|=r} (z-a)^n\,dz = \begin{cases} 1 & (n = -1) \\ 0 & (n \neq -1) \end{cases}$$

定理 4.7 から次がわかる．

―― 命題 4.10 (留数 b_{-1}) ――
$f(z) = \sum\limits_{n=-\infty}^{\infty} b_n(z-a)^n\ (0 < |z-a| < R)$ に対して

$$\mathrm{Res}\,(f;a) = b_{-1} \quad \left(= \frac{1}{z-a}\text{の係数} \right)$$

例 4.17 $f(z) = \dfrac{e^z}{(z-1)^3}$ の $z = 1$ における留数は

$$f(z) = \sum_{n=-3}^{\infty} \frac{e}{(n+3)!}(z-1)^n \quad (|z-1| > 0)$$

$$= e\frac{1}{(z-1)^3} + \frac{e}{1!}\frac{1}{(z-1)^2} + \frac{e}{2!}\frac{1}{z-1} + \sum_{n=0}^{\infty} \frac{e}{(n+3)!}(z-1)^n$$

とローラン展開できる (例題 4.13 参照) から

$$\mathrm{Res}\,(f;1) = \frac{e}{2!} = \frac{e}{2}$$

問 4.8 次の関数 $f(z)$ を指定された点における留数を求めよ．

(1) $f(z) = \dfrac{e^{z-i}}{(z-i)^3}$ $(z=i)$ (2) $f(z) = \dfrac{\sin z}{(z-\pi)^4}$ $(z=\pi)$

(3) $f(z) = \dfrac{e^z - 1}{z^4}$ $(z=0)$ (4) $f(z) = z^3 e^{\frac{1}{z}}$ $(z=0)$

♦ 留数の計算公式 ♦

定理 4.11

関数 $f(z)$ が 1 位の極 $z=a$ をもつならば
$$\mathrm{Res}\,(f;a) = \lim_{z \to a} ((z-a)f(z))$$

【証明】 a の近傍で
$$f(z) = \frac{b_{-1}}{z-a} + \sum_{n=0}^{\infty} b_n (z-a)^n, \quad b_{-1} \neq 0$$
とすると
$$(z-a)f(z) = b_{-1} + b_0(z-a) + b_1(z-a)^2 + \cdots$$
だから
$$\lim_{z \to a} ((z-a)f(z)) = b_{-1} = \mathrm{Res}\,(f;a)$$
を得る． □

例 4.18 $f(z) = \dfrac{1}{(z-1)(z-3)}$ は 1 位の極 $z=1$ と 1 位の極 $z=3$ をもつ（例題 4.11 問 4.5 (2) 参照）．したがって
$$\mathrm{Res}\,(f;1) = \lim_{z \to 1} ((z-1)f(z)) = \lim_{z \to 1} \frac{1}{z-3} = -\frac{1}{2}$$
$$\mathrm{Res}\,(f;3) = \lim_{z \to 3} ((z-3)f(z)) = \lim_{z \to 3} \frac{1}{z-1} = \frac{1}{2}$$

問 4.9 次の関数 $f(z)$ の指定された点における留数を求めよ．

(1) $f(z) = \dfrac{1}{z(z-2)}$ $(z=0)$ (2) $f(z) = \dfrac{1}{(z+1)(z+3)}$ $(z=-3)$

(3) $f(z) = \dfrac{1}{(z+i)(z-2i)}$ $(z=-i)$ (4) $f(z) = \dfrac{1}{(z-i)(z-3i)}$ $(z=3i)$

注意 点 a の近傍で関数 $g(z)$ が $g(z) = (z-a)^k h(z)$, $h(a) \neq 0$ と書けるとき, a を $g(z)$ の **k 位の零点**という.

問 4.10 関数 $f_1(z)$, $f_2(z)$ が点 a で正則で, $f_1(a) \neq 0$ かつ $f_2(z)$ が a で 1 位の零点をもつとき, $f(z) = \dfrac{f_1(z)}{f_2(z)}$ は 1 位の極 $z = a$ をもち, 次の公式が成り立つことを示せ.
$$\mathrm{Res}\,(f; a) = \frac{f_1(a)}{f_2'(a)}$$

問 4.11 問 4.10 の公式を用いて問 4.9 (1)〜(4) を解け.

定理 4.12

関数 $f(z)$ が k 位の極 $z = a$ をもつならば
$$\mathrm{Res}\,(f; a) = \frac{1}{(k-1)!} \lim_{z \to a} \left(\frac{d^{k-1}}{dz^{k-1}} \left((z-a)^k f(z) \right) \right)$$
とくに, $z = a$ が 1 位の極ならば
$$\mathrm{Res}\,(f; a) = \lim_{z \to a} \left((z-a) f(z) \right)$$

【証明】 a の近傍で
$$f(z) = \frac{b_{-k}}{(z-a)^k} + \cdots + \frac{b_{-1}}{z-a} + \sum_{n=0}^{\infty} b_n (z-a)^n, \quad b_{-k} \neq 0$$
とすると
$$(z-a)^k f(z) = b_{-k} + b_{-k+1}(z-a) + \cdots + b_{-1}(z-a)^{k-1}$$
$$+ b_0 (z-a)^k + b_1 (z-a)^{k+1} + \cdots$$
ここで, 両辺を $k-1$ 回微分すると
$$\frac{d^{k-1}}{dz^{k-1}} \left((z-a)^k f(z) \right)$$
$$= (k-1)!\, b_{-1} + \frac{k!}{1!} b_0 (z-a) + \frac{(k+1)!}{2!} b_1 (z-a)^2 + \cdots$$
だから
$$\lim_{z \to a} \left(\frac{d^{k-1}}{dz^{k-1}} \left((z-a)^k f(z) \right) \right) = (k-1)! \cdot b_{-1} = (k-1)! \cdot \mathrm{Res}\,(f; a)$$
を得る. □

例 4.19　$f(z) = \dfrac{1}{z^2(z-1)^3}$ は 2 位の極 $z=0$ と 3 位の極 $z=1$ をもつ（例 4.15 参照）．したがって

$$\operatorname{Res}(f;0) = \lim_{z \to 0} \left(\frac{d}{dz}\left(z^2 f(z)\right) \right) = \lim_{z \to 0} \left(\frac{d}{dz} \frac{1}{(z-1)^3} \right)$$

$$= \lim_{z \to 0} \frac{-3}{(z-1)^4} = -3$$

$$\operatorname{Res}(f;1) = \frac{1}{2!} \lim_{z \to 1} \left(\frac{d^2}{dz^2}\left((z-1)^3 f(z)\right) \right) = \frac{1}{2} \lim_{z \to 1} \left(\frac{d^2}{dz^2} \frac{1}{z^2} \right)$$

$$= \frac{1}{2} \lim_{z \to 1} \frac{6}{z^4} = 3$$

> **問 4.12**　次の関数 $f(z)$ の留数を求めよ．
> (1) $f(z) = \dfrac{1}{(z-1)^4(z-3)^2}$,　$\operatorname{Res}(f;1)$ と $\operatorname{Res}(f;3)$
> (2) $f(z) = \dfrac{1}{(2z-i)^2(z+2i)^3}$,　$\operatorname{Res}(f;i/2)$ と $\operatorname{Res}(f;-2i)$

注意　(1) 点 a が $f(z)$ の除去可能な特異点であれば，$f(z)$ は a の近傍で正則にできるから $\operatorname{Res}(f;a) = 0$ となる．

(2) 点 a が $f(z)$ の真性特異点であれば，$\operatorname{Res}(f;a)$ を求めるための便利な計算公式はないので，実際に $f(z)$ をローラン展開して $\operatorname{Res}(f;a)$ を求めなければならない．

♦ 留数定理 ♦

> **定理 4.13（留数定理）**
>
> D を単純閉曲線 C で囲まれた領域とし，関数 $f(z)$ は D 内の孤立特異点 $a_1, a_2, \cdots, a_n$ を除いて $\overline{D}$ で正則とする．このとき，次が成り立つ．
>
> $$\int_C f(z)\, dz = 2\pi i \sum_{k=1}^{n} \operatorname{Res}(f;a_k) \quad (= 2\pi i \times \text{留数和})$$

【証明】　各点 a_k を中心とする十分小さな円周 C_k を考える．ただし，各 C_k は C の内部にあって，互いに交わらないように半径を十分小さくしておく．

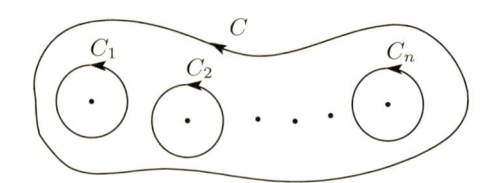

定理 2.19 より
$$\int_C f(z)\,dz = \sum_{k=1}^n \int_{C_k} f(z)\,dz$$
一方，留数の定義より
$$\int_{C_k} f(z)\,dz = 2\pi i \cdot \mathrm{Res}\,(f; a_k)$$
よって，求める等式が成り立つ． ■

注意 $f(z)$ が $\overline{D}$ で正則のときは，上式において $f(z)$ の留数を 0 と考えればよい．実際，コーシーの積分定理より $\int_C f(z)\,dz = 0$ である．

例題 4.20 $f(z) = \dfrac{1}{(z-1)(z-3)}$ のとき，次の積分を求めよ．

(1) $\displaystyle\int_{|z|=2} f(z)\,dz$ 　　(2) $\displaystyle\int_{|z-2|=2} f(z)\,dz$

【解答】(1) $|z| < 2$ における $f(z)$ の特異点は 1 位の極 $z = 1$ のみで
$$\mathrm{Res}\,(f; 1) = \lim_{z \to 1}((z-1)f(z)) = \lim_{z \to 1}\frac{1}{z-3} = -\frac{1}{2}$$
よって，留数定理より
$$\int_{|z|=2} f(z)\,dz = 2\pi i \cdot \mathrm{Res}\,(f; 1) = -\pi i$$

(2) $|z-2| < 2$ における $f(z)$ の特異点は 1 位の極 $z = 1$ と 1 位の極 $z = 3$ のみで，$\mathrm{Res}\,(f; 1) = -\dfrac{1}{2}$，$\mathrm{Res}\,(f; 3) = \dfrac{1}{2}$ (例 4.18 参照) だから，留数定理より
$$\int_{|z-2|=2} f(z)\,dz = 2\pi i \cdot (\mathrm{Res}\,(f; 1) + \mathrm{Res}\,(f; 3)) = 0$$
■

問 **4.13** 次の積分を求めよ．

(1) $\displaystyle\int_{|z-4|=2} \frac{1}{(z-1)(z-3)}\, dz$ 　　(2) $\displaystyle\int_{|z-1|=2} \frac{2i}{z^2-4}\, dz$

(3) $\displaystyle\int_{|z-3|=2} \frac{z+4}{2z^2-7z+3}\, dz$ 　　(4) $\displaystyle\int_{|z-i|=2} \frac{z+1}{z^2+4}\, dz$

例題 4.21 $\displaystyle\int_{|z-1|=2} \frac{e^z}{(z-1)^3}\, dz$ を求めよ．

【解答】 $|z-1|<2$ における $f(z) = \dfrac{e^z}{(z-1)^3}$ の特異点は 3 位の極 $z=1$ のみで

$$\mathrm{Res}\,(f;1) = \frac{1}{2!} \lim_{z\to 1} \left(\frac{d^2}{dz^2} \left((z-1)^3 f(z) \right) \right) = \frac{1}{2} \lim_{z\to 1} \left(\frac{d^2}{dz^2} e^z \right) = \frac{e}{2}$$

だから，留数定理より

$$\int_{|z-1|=2} \frac{e^z}{(z-1)^3}\, dz = 2\pi i \cdot \mathrm{Res}\,(f;1) = e\pi i \qquad \square$$

問 **4.14** 次の積分を求めよ．

(1) $\displaystyle\int_{|z-1|=2} \frac{1}{z^3(z+3)}\, dz$ 　　(2) $\displaystyle\int_{|z-2|=2} \frac{iz}{(z+1)^3(z-1)^2}\, dz$

(3) $\displaystyle\int_{|z+i|=3} \frac{e^{3z}}{(z+1)^3}\, dz$ 　　(4) $\displaystyle\int_{|z-2i|=2} \frac{z-2i}{(z^2+1)^2}\, dz$

問 **4.15** * 次の積分を求めよ．

(1) $\displaystyle\int_{|z+i|=3} \frac{e^z-1}{z^3}\, dz$ 　　(2) $\displaystyle\int_{|z-2|=3} z^3 e^{\frac{1}{z}}\, dz$

4.4　実積分への応用　その 2

留数定理を用いて，実関数の定積分や無限積分を計算する方法について考察する．

♦ $\displaystyle\int_0^{2\pi} f(\cos\theta, \sin\theta)\, d\theta$ の計算 ♦

ここで，$f(X,Y)$ は X, Y の有理関数とする．たとえば，$f(\cos\theta, \sin\theta) = \dfrac{1+\sin\theta}{5+3\cos\theta}$ など．

定理 4.14

$z = e^{i\theta}$ ($\theta: 0 \to 2\pi$) とおくと，次が成り立つ．

$$\int_0^{2\pi} f(\cos\theta, \sin\theta)\, d\theta = \int_{|z|=1} f\left(\frac{1}{2}\left(z + \frac{1}{z}\right), \frac{1}{2i}\left(z - \frac{1}{z}\right)\right) \frac{dz}{iz}$$

【証明】 $z = e^{i\theta}$ ($\theta: 0 \to 2\pi$) とおくと，$\dfrac{dz}{d\theta} = ie^{i\theta} = iz$ で θ の積分範囲は単位円周 $|z| = 1$ になる．また

$$\cos\theta = \frac{1}{2}(e^{i\theta} + e^{-i\theta}) = \frac{1}{2}(z + z^{-1})$$

$$\sin\theta = \frac{1}{2i}(e^{i\theta} - e^{-i\theta}) = \frac{1}{2i}(z - z^{-1})$$

だから，これらを左辺に代入すれば右辺が得られる． □

注意 左辺の積分が存在すれば，右辺の被積分関数は単位円周 $|z| = 1$ 上に極をもつことはない．

例題 4.22 $I = \displaystyle\int_0^{2\pi} \dfrac{d\theta}{5 + 4\cos\theta}$ を求めよ．

【解答】 $z = e^{i\theta}$ ($\theta: 0 \to 2\pi$) とおくと，$\dfrac{dz}{d\theta} = iz$．また，$\cos\theta = \dfrac{1}{2}(z + z^{-1})$ より

$$5 + 4\cos\theta = 5 + 2(z + z^{-1}) = \frac{1}{z}(2z^2 + 5z + 2) = \frac{1}{z}(2z+1)(z+2)$$

だから

$$I = \int_{|z|=1} \frac{z}{(2z+1)(z+2)} \frac{dz}{iz}$$

$$= \frac{1}{2i} \int_{|z|=1} f(z)\, dz, \quad f(z) = \frac{1}{(z+1/2)(z+2)}$$

ここで，$|z| < 1$ での $f(z)$ の特異点は 1 位の極 $z = -1/2$ のみである．また

$$\mathrm{Res}\,(f; -1/2) = \lim_{z \to -1/2} (z + 1/2) f(z) = \lim_{z \to -1/2} \frac{1}{z+2} = \frac{2}{3}$$

よって，留数定理より

$$I = \frac{1}{2i} \cdot 2\pi i \cdot \mathrm{Res}\,(f; -1/2) = \frac{2}{3}\pi$$

□

問 4.16 次の積分を求めよ．

(1) $\displaystyle\int_0^{2\pi} \frac{1}{5-3\cos\theta}\,d\theta$ (2) $\displaystyle\int_0^{2\pi} \frac{1}{5+3\sin\theta}\,d\theta$

(3) $\displaystyle\int_0^{2\pi} \frac{1}{(5+4\cos\theta)^2}\,d\theta$ (4) $\displaystyle\int_0^{2\pi} \frac{1+\sin\theta}{5+3\cos\theta}\,d\theta$

問 4.17 * $p>q>0$ のとき，次の積分を求めよ．
$$I = \int_0^{2\pi} \frac{1}{p+q\cos\theta}\,d\theta$$

例題 4.23 * $n=1,2,\cdots$ に対して，次の積分を求めよ．
$$I_n = \int_0^{2\pi} \sin^{2n}\theta\,d\theta$$

【解答】$z=e^{i\theta}$ $(\theta:0\to 2\pi)$ とおくと，$\dfrac{dz}{d\theta}=iz$．また，$\sin\theta = \dfrac{1}{2i}\left(z-z^{-1}\right)$ だから

$$I_n = \int_{|z|=1} \frac{1}{(2i)^{2n}}\left(z-z^{-1}\right)^{2n}\frac{dz}{iz}$$
$$= \frac{1}{(-1)^n 2^{2n} i}\int_{|z|=1} f(z)\,dz, \quad f(z) = \frac{(z^2-1)^{2n}}{z^{2n+1}}$$

ここで，$f(z)$ は $|z|<1$ 内には，$(2n+1)$ 位の極 $z=0$ のみをもつ．一方，$\mathrm{Res}\,(f;0)$ を求めるには，$(z^2-1)^{2n}$ の z^{2n} の係数を調べればよいが，その係数は ${}_{2n}C_n\cdot(-1)^n$ だから

$$\mathrm{Res}\,(f;0) = {}_{2n}C_n\cdot(-1)^n = (-1)^n\frac{(2n)!}{(n!)^2}$$

よって，留数定理より

$$I_n = \frac{1}{(-1)^n 2^{2n} i}\cdot 2\pi i\cdot \mathrm{Res}\,(f;0)$$
$$= 2\pi\frac{(2n-1)(2n-3)\cdots 5\cdot 3\cdot 1}{(2n)(2n-2)\cdots 6\cdot 4\cdot 2}\quad\left(=2\pi\frac{(2n-1)!!}{(2n)!!}\right) \qquad \square$$

問 4.18 * $n=1,2,\cdots$ に対して，次の積分を求めよ．
$$I_n = \int_0^{2\pi} \cos^{2n}\theta\,d\theta$$

♦ $\int_{-\infty}^{\infty} f(x)\,dx$ の計算 ♦

定理 4.15

関数 $f(z)$ は次の条件をみたす有理関数とする．

(a) 上半平面 $\mathrm{Im}\,z > 0$ で有限個の極 $a_1, a_2, \cdots, a_n$ を除いて正則

(b) 実軸上に特異点をもたない

(c) $\displaystyle\lim_{|z|\to\infty} zf(z) = 0$

このとき，次が成り立つ．

$$\int_{-\infty}^{\infty} f(x)\,dx = 2\pi i \sum_{k=1}^{n} \mathrm{Res}\,(f; a_k)$$

【証明】右図のように上半円周 C_R と線分 ℓ_R からなる単純閉曲線 $C_R + \ell_R$ をとり，この曲線を境界にもつ単連結な領域を D とする．すなわち

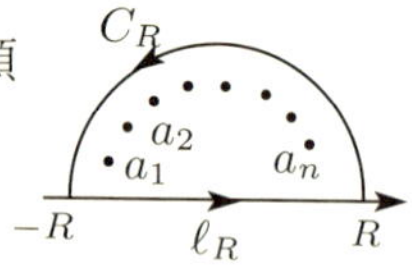

$$\partial D = C_R + \ell_R$$

ただし，$R > 0$ を十分大きくとり，極 $a_1, a_2, \cdots, a_n$ が D に含まれるようにする．このとき，留数定理より

$$(*) \quad \int_{\partial D} f(z)\,dz = \left(\int_{C_R} + \int_{\ell_R}\right) f(z)\,dz = 2\pi i \sum_{k=1}^{n} \mathrm{Res}\,(f; a_k)$$

一方，$\ell_R : z = x \ (x : -R \to R)$ 上では

$$\int_{\ell_R} f(z)\,dz = \int_{-R}^{R} f(x)\,dx \longrightarrow \int_{-\infty}^{\infty} f(x)\,dx \quad (R \to \infty)$$

また，C_R 上では補題 4.16 より

$$\int_{C_R} f(z)\,dz \longrightarrow 0 \quad (R \to \infty)$$

よって，$(*)$ において $R \to \infty$ とすると

$$\int_{-\infty}^{\infty} f(x)\,dx = 2\pi i \sum_{k=1}^{n} \mathrm{Res}\,(f; a_k)$$

が成り立つ． □

補題 4.16

関数 $f(z)$ が定理 4.15 の条件 (c) をみたすならば
$$\lim_{R\to\infty}\int_{C_R} f(z)\,dz = 0$$
ただし, C_R は右図のような上半円周である.

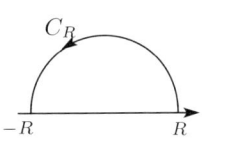

【証明】 $\lim_{|z|\to\infty} zf(z) = 0$ より, 任意の $\varepsilon > 0$ に対して, 十分大きな $R_0 > 0$ をとると

$$|zf(z)| < \varepsilon \quad (|z| \geqq R_0)$$

とできる. このとき, $R \geqq R_0$ に対して $\int_{C_R} |dz| = \pi R$ より

$$\left|\int_{C_R} f(z)\,dz\right| \leqq \int_{C_R} \frac{|zf(z)|}{|z|}\,|dz| < \int_{C_R} \frac{\varepsilon}{R}\,|dz| = \pi\varepsilon$$

よって, ε の任意性より $\lim_{R\to\infty}\int_{C_R} f(z)\,dz = 0$ を得る. □

例題 4.24 次の積分を求めよ.
$$\int_{-\infty}^{\infty} \frac{1}{x^2+9}\,dx$$

【解答】 $f(z) = \dfrac{1}{z^2+9} = \dfrac{1}{(z-3i)(z+3i)}$ とおくと, $f(z)$ の上半平面上の特異点は 1 位の極 $z = 3i$ のみである. 一方

$$\mathrm{Res}\,(f;3i) = \lim_{z\to 3i}(z-3i)f(z) = \lim_{z\to 3i}\frac{1}{z+3i} = \frac{1}{6i}$$

また, $\lim_{|z|\to\infty} zf(z) = 0$ だから (定理 4.15 を使うと) 留数定理より

$$\int_{-\infty}^{\infty} \frac{1}{x^2+9}\,dx = 2\pi i \cdot \mathrm{Res}\,(f;3i) = \frac{\pi}{3}$$
□

問 4.19 次の積分を求めよ. ただし, $\alpha > 0$ とする.

(1) $\displaystyle\int_{-\infty}^{\infty} \frac{1}{x^2+\alpha^2}\,dx$ \quad (2) $\displaystyle\int_{-\infty}^{\infty} \frac{1}{(x^2+4)(x^2+9)}\,dx$

(3) $\displaystyle\int_{-\infty}^{\infty} \frac{1}{x^4+\alpha^4}\,dx$ \quad (4) $\displaystyle\int_{-\infty}^{\infty} \frac{x^2}{x^4+1}\,dx$

例題 4.25 次の積分を求めよ．ただし，$\alpha > 0$ とする．
$$\int_{-\infty}^{\infty} \frac{1}{(x^2+\alpha^2)^2}\,dx$$

【解答】 $f(z) = \dfrac{1}{(z^2+\alpha^2)^2} = \dfrac{1}{(z-\alpha i)^2(z+\alpha i)^2}$ とおくと，$f(z)$ の上半平面上の特異点は 2 位の極 $z = \alpha i$ のみである．一方
$$\mathrm{Res}\,(f;\alpha i) = \lim_{z\to\alpha i}\left(\frac{d}{dz}\left((z-\alpha i)^2 f(z)\right)\right) = \lim_{z\to\alpha i}\left(\frac{d}{dz}\frac{1}{(z+\alpha i)^2}\right)$$
$$= \lim_{z\to\alpha i}\frac{-2}{(z+\alpha i)^3} = \frac{-2}{(2\alpha i)^3}$$

また，$\displaystyle\lim_{|z|\to\infty} zf(z) = 0$ だから (定理 4.15 を使うと) 留数定理より

$$\int_{-\infty}^{\infty} \frac{1}{(x^2+\alpha^2)^2}\,dx = 2\pi i \cdot \mathrm{Res}\,(f;\alpha i) = \frac{\pi}{2\alpha^3} \qquad \square$$

問 4.20 次の積分を求めよ．ただし，$\alpha > 0$ とする．

(1) $\displaystyle\int_{-\infty}^{\infty}\frac{x^2}{(x^2+9)^2}\,dx$ \qquad (2) $\displaystyle\int_{-\infty}^{\infty}\frac{1}{(x^2+\alpha^2)^3}\,dx$

(3) $\displaystyle\int_{-\infty}^{\infty}\frac{x^4}{(x^2+4)^3}\,dx$ \qquad (4) $\displaystyle\int_{-\infty}^{\infty}\frac{1}{(x^2+\alpha^2)^4}\,dx$

♦ $\displaystyle\int_{-\infty}^{\infty} f(x)\cos\alpha x\,dx$ と $\displaystyle\int_{-\infty}^{\infty} f(x)\sin\alpha x\,dx$ の計算 ♦

実数 α に対して，オイラーの公式より
$$\int_{-\infty}^{\infty} f(x)e^{i\alpha x}\,dx = \int_{-\infty}^{\infty} f(x)\cos\alpha x\,dx + i\int_{-\infty}^{\infty} f(x)\sin\alpha x\,dx$$
だから
$$\int_{-\infty}^{\infty} f(x)\cos\alpha x\,dx = \mathrm{Re}\int_{-\infty}^{\infty} f(x)e^{i\alpha x}\,dx$$
$$\int_{-\infty}^{\infty} f(x)\sin\alpha x\,dx = \mathrm{Im}\int_{-\infty}^{\infty} f(x)e^{i\alpha x}\,dx$$
が成り立つ．そこで $\displaystyle\int_{-\infty}^{\infty} f(x)e^{i\alpha x}\,dx$ の計算方法について考察する．

定理 4.17

関数 $f(z)$ は次の条件をみたす有理関数とする.

(a) 上半平面 $\operatorname{Im} z > 0$ で有限個の極 $a_1, a_2, \cdots, a_n$ を除いて正則

(b) 実軸上に特異点をもたない

(c) $\displaystyle\lim_{|z|\to\infty} z f(z) = 0$

このとき,正数 $\alpha > 0$ に対して,次が成り立つ.

$$\int_{-\infty}^{\infty} f(x) e^{i\alpha x}\, dx = 2\pi i \sum_{k=1}^{n} \operatorname{Res}\left(f(z) e^{i\alpha z}; a_k\right)$$

【証明】 右図のように上半円周 C_R と線分 ℓ_R からなる単純閉曲線 $C_R + \ell_R$ をとり,この曲線を境界にもつ単連結な領域 D をとする.すなわち

$$\partial D = C_R + \ell_R$$

ただし,$R > 0$ を十分大きくとり,極 $a_1, a_2, \cdots, a_n$ が D に含まれるようにする.このとき,留数定理より

(∗)
$$\int_{\partial D} f(z) e^{i\alpha z}\, dz = \left(\int_{C_R} + \int_{\ell_R}\right) f(z) e^{i\alpha z}\, dz$$

$$= 2\pi i \sum_{k=1}^{n} \operatorname{Res}\left(f(z) e^{i\alpha z}; a_k\right)$$

一方,$\ell_R : z = x\ (x: -R \to R)$ 上では

$$\int_{\ell_R} f(z) e^{i\alpha z}\, dz = \int_{-R}^{R} f(x) e^{i\alpha x}\, dx \longrightarrow \int_{-\infty}^{\infty} f(x) e^{i\alpha x}\, dx \quad (R \to \infty)$$

また,C_R 上では補題 4.18 より

$$\int_{C_R} f(z) e^{i\alpha z}\, dz \longrightarrow 0 \quad (R \to \infty)$$

よって,(∗) において $R \to \infty$ とすると

$$\int_{-\infty}^{\infty} f(x) e^{i\alpha x}\, dx = 2\pi i \sum_{k=1}^{n} \operatorname{Res}\left(f(z) e^{i\alpha z}; a_k\right)$$

が成り立つ. □

補題 4.18

関数 $f(z)$ が定理 4.17 の条件 (c) をみたすならば，$\alpha > 0$ に対して
$$\lim_{R \to \infty} \int_{C_R} f(z) e^{i\alpha z} \, dz = 0$$
ただし，C_R は右図のような上半円周である．

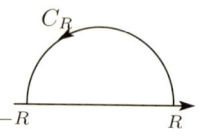

【証明】 $C_R \ni z = x + iy, \ y \geqq 0$ に対して
$$\left| e^{i\alpha z} \right| = \left| e^{i\alpha x} e^{-\alpha y} \right| = e^{-\alpha y} \leqq 1$$
であることを利用すれば，補題 4.16 と同じようにして示せる． □

注意 (1) $f(x)$ が偶関数 ($f(-x) = f(x)$) のとき
$$\int_0^\infty f(x) \cos \alpha x \, dx = \frac{1}{2} \int_{-\infty}^\infty f(x) \cos \alpha x \, dx = \frac{1}{2} \mathrm{Re}\left(\int_{-\infty}^\infty f(x) e^{i\alpha x} \, dx \right)$$
(2) $f(x)$ が奇関数 ($f(-x) = -f(x)$) のとき
$$\int_0^\infty f(x) \sin \alpha x \, dx = \frac{1}{2} \int_{-\infty}^\infty f(x) \sin \alpha x \, dx = \frac{1}{2} \mathrm{Im}\left(\int_{-\infty}^\infty f(x) e^{i\alpha x} \, dx \right)$$

例題 4.26

次の積分を求めよ．ただし，$\alpha > 0$ とする．
$$\int_0^\infty \frac{\cos \alpha x}{x^2 + 9} \, dx$$

【解答】 $f(z) = \dfrac{1}{z^2 + 9} = \dfrac{1}{(z - 3i)(z + 3i)}$ とおくと，$f(z)$ の上半平面上の特異点は 1 位の極 $z = 3i$ のみである．一方
$$\mathrm{Res}\left(f(z) e^{i\alpha z}; 3i\right) = \lim_{z \to 3i} (z - 3i) f(z) e^{i\alpha z} = \frac{e^{-3\alpha}}{6i}$$
また，$\displaystyle\lim_{|z| \to \infty} z f(z) = 0$ だから (定理 4.17 を使うと) 留数定理より
$$\int_{-\infty}^\infty f(x) e^{i\alpha x} \, dx = 2\pi i \cdot \mathrm{Res}\left(f(z) e^{i\alpha z}; 3i\right)$$
すなわち
$$\int_{-\infty}^\infty f(x) \cos \alpha x \, dx + i \int_{-\infty}^\infty f(x) \sin \alpha x \, dx = \frac{e^{-3\alpha} \pi}{3}$$

よって, $f(x) = \dfrac{1}{x^2+9}$ は偶関数だから

$$\int_0^\infty \frac{\cos\alpha x}{x^2+9}\,dx = \frac{1}{2}\int_{-\infty}^\infty \frac{\cos\alpha x}{x^2+9}\,dx = \frac{e^{-3\alpha}\pi}{6}$$

□

問 4.21 次の積分を求めよ. ただし, $\alpha > 0$ とする.

(1) $\displaystyle\int_0^\infty \frac{\cos x}{x^2+\alpha^2}\,dx$ (2) $\displaystyle\int_0^\infty \frac{\cos\alpha x}{(x^2+4)^2}\,dx$

(3) $\displaystyle\int_{-\infty}^\infty \frac{(x+1)\sin x}{(x^2+1)^2}\,dx$ (4) $\displaystyle\int_{-\infty}^\infty \frac{x\sin x}{(x^2+1)^3}\,dx$

♦ $\displaystyle\int_0^\infty f(x)\,x^{-\alpha}\,dx\ (0<\alpha<1)$ の計算* ♦

定理 4.19

関数 $f(z)$ は次の条件をみたす有理関数とする.

(a) 有限個の極 $a_1, a_2, \cdots, a_n$ を除いて正則

(b) 非負の実軸上に特異点をもたない

(c) $\displaystyle\lim_{|z|\to\infty}|zf(z)| < \infty$

このとき, $0<\alpha<1$ に対して, 次が成り立つ.

$$(1-e^{-2\alpha\pi i})\int_0^\infty f(x)x^{-\alpha}\,dx = 2\pi i\sum_{k=1}^n \mathrm{Res}\,(f(z)z^{-\alpha};a_k)$$

ただし, $0 \leqq \arg z < 2\pi$ とする.

注意 オイラーの公式より次のように変形できる.

$$\int_0^\infty f(x)x^{-\alpha}\,dx = \frac{\pi e^{i\alpha\pi}}{\sin\alpha\pi}\sum_{k=1}^n \mathrm{Res}\,(f(z)z^{-\alpha};a_k)$$

【証明】 右図のように2つの円周 C_R, C_ε と2つの線分 ℓ_1, ℓ_2 からなる単純閉曲線 $\ell_1 + C_R + \ell_2 + C_\varepsilon$ をとり, この曲線を境界にもつ単連結な領域を D とする. すなわち

$$\partial D = \ell_1 + C_R + \ell_2 + C_\varepsilon$$

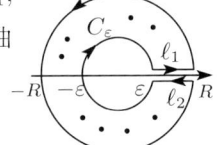

ただし, $R>0$ を十分大きく, $\varepsilon>0$ を十分小さくとり, 極 $a_1, a_2, \cdots, a_n$ が

D に含まれる[2]ようにする．このとき，留数定理より

$$(*) \quad \int_{\partial D} f(z) z^{-\alpha} \, dz = \left(\int_{\ell_1} + \int_{C_R} + \int_{\ell_2} + \int_{C_\varepsilon} \right) f(z) z^{-\alpha} \, dz$$
$$= 2\pi i \sum_{k=1}^{n} \operatorname{Res}\left(f(z) z^{-\alpha}; a_k \right)$$

一方，$\ell_1 : z = x \ (x : \varepsilon \to R)$ 上では

$$\int_{\ell_1} f(z) z^{-\alpha} \, dz = \int_{\varepsilon}^{R} f(x) x^{-\alpha} \, dx$$

$\ell_2 : z = x e^{2\pi i} \ (x : R \to \varepsilon)$ 上では，$\dfrac{dz}{dx} = e^{2\pi i} = 1$ だから

$$\int_{\ell_2} f(z) z^{-\alpha} \, dz = \int_{R}^{\varepsilon} f(x e^{2\pi i}) (x e^{2\pi i})^{-\alpha} \, dx = -e^{-2\alpha \pi i} \int_{\varepsilon}^{R} f(x) x^{-\alpha} \, dx$$

したがって

$$\left(\int_{\ell_1} + \int_{\ell_2} \right) f(z) z^{-\alpha} \, dz \longrightarrow (1 - e^{-2\alpha \pi i}) \int_{0}^{\infty} f(x) x^{-\alpha} \, dx \quad \begin{pmatrix} R \to \infty \\ \varepsilon \to 0 \end{pmatrix}$$

また，C_R, C_ε 上では，補題 4.20 より

$$\int_{C_R} f(z) z^{-\alpha} \, dz \longrightarrow 0 \quad (R \to \infty)$$

$$\int_{C_\varepsilon} f(z) z^{-\alpha} \, dz \longrightarrow 0 \quad (\varepsilon \to 0)$$

よって，$(*)$ において $R \to \infty, \varepsilon \to 0$ とすると

$$(1 - e^{-2\alpha \pi i}) \int_{0}^{\infty} f(x) x^{-\alpha} \, dx = 2\pi i \sum_{k=1}^{n} \operatorname{Res}\left(f(z) z^{-\alpha}; a_k \right)$$

が成り立つ． □

---

[2] 正確には，十分小さな $\delta > 0$ に対して $0 \leqq \arg z \leqq 2\pi - \delta$ で考えるが最後に $\delta \to 0$ とできるので，ここでは簡単のために最初から $0 \leqq \arg z \leqq 2\pi$ で考えることにする．以下でも同様に考える．

補題 4.20

$0 < \alpha < 1$ とする.

(1) 関数 $f(z)$ が定理 4.19 の条件 (c) をみたすならば
$$\lim_{R \to \infty} \int_{C_R} f(z) z^{-\alpha}\, dz = 0$$

(2) 関数 $f(z)$ が定理 4.19 の条件 (a), (b) をみたすならば
$$\lim_{\varepsilon \to 0} \int_{C_\varepsilon} f(z) z^{-\alpha}\, dz = 0$$

ただし, C_R, C_ε は右図のような円周である.

【証明】(1) $\lim_{|z| \to \infty} |zf(z)| \leqq M < \infty$ とすると, 十分大きな正数 $R_0 > 0$ がとれて
$$|zf(z)| \leqq M + 1 \quad (|z| \geqq R_0)$$
とできる. このとき, $R \geqq R_0$ に対して $\int_{C_R} |dz| = 2\pi R$ より
$$\left| \int_{C_R} f(z) z^{-\alpha}\, dz \right| \leqq \int_{C_R} \frac{|zf(z)|}{|z|^{\alpha+1}} |dz| \leqq \int_{C_R} \frac{M+1}{R^{\alpha+1}} |dz|$$
$$= 2\pi \frac{M+1}{R^\alpha} \longrightarrow 0 \quad (R \to \infty) \quad (\alpha > 0 \text{ より})$$

よって, $\lim_{R \to \infty} \int_{C_R} f(z) z^{-\alpha}\, dz = 0$ を得る.

(2) 条件 (a), (b) より, $f(z)$ が $|z| \leqq \varepsilon_0$ で正則となるように十分小さな $\varepsilon_0 > 0$ と, $|z| \leqq \varepsilon_0$ において
$$|f(z)| \leqq N$$
をみたす正数 $N > 0$ がとれる. このとき, $0 < \varepsilon < \varepsilon_0$ に対して $\int_{C_\varepsilon} |dz| = 2\pi\varepsilon$ より
$$\left| \int_{C_\varepsilon} f(z) z^{-\alpha}\, dz \right| \leqq \int_{C_\varepsilon} |f(z)| |z|^{-\alpha} |dz| \leqq \int_{C_\varepsilon} N\varepsilon^{-\alpha} |dz|$$
$$= 2\pi N \varepsilon^{1-\alpha} \longrightarrow 0 \quad (\varepsilon \to 0) \quad (\alpha < 1 \text{ より})$$

よって，$\displaystyle\lim_{\varepsilon\to 0}\int_{C_\varepsilon} f(z)z^{-\alpha}\,dz=0$ を得る． □

例題 4.27 $0<\alpha<1$ のとき，次の積分を求めよ．
$$\int_0^\infty \frac{1}{x^\alpha(x+1)^2}\,dx$$

【解答】 $f(z)=\dfrac{1}{(z+1)^2}$ とおくと，$f(z)$ の特異点は 2 位の極 $z=-1\,(=e^{i\pi})$ のみである．一方

$$\mathrm{Res}\,(f(z)z^{-\alpha};-1) = \lim_{z\to -1}\left(\frac{d}{dz}\left((z+1)^2 f(z)z^{-\alpha}\right)\right)$$
$$= \lim_{z\to e^{i\pi}}(-\alpha z^{-(\alpha+1)}) = -\alpha e^{-i(\alpha+1)\pi} = \alpha e^{-i\alpha\pi}$$

また，$\displaystyle\lim_{|z|\to\infty}|zf(z)|=0\,(<\infty)$ だから (定理 4.19 を使うと) 留数定理より

$$\int_0^\infty \frac{1}{x^\alpha(x+1)^2}\,dx = \frac{\pi e^{i\alpha\pi}}{\sin\alpha\pi}\cdot \mathrm{Res}\,(f(z)z^{-\alpha};-1) = \frac{\alpha\pi}{\sin\alpha\pi}$$ □

問 4.22 次の積分を求めよ．

(1) $\displaystyle\int_0^\infty \frac{1}{\sqrt[3]{x}\,(8x+1)}\,dx$ \qquad (2) $\displaystyle\int_0^\infty \frac{1}{\sqrt{x}\,(x+9)^2}\,dx$

(3) $\displaystyle\int_0^\infty \frac{\sqrt[3]{x}}{(x+1)^2}\,dx$ \qquad (4) $\displaystyle\int_0^\infty \frac{1}{\sqrt{x}\,(x+1)^3}\,dx$

♦ $\displaystyle\int_0^\infty f(x)\log x\,dx$ の計算　その 1* ♦

関数 $f(x)$ が偶関数 $(f(-x)=f(x))$ の場合を考える．

―― 定理 4.21 ―――――――――――――――――――――――

関数 $f(z)$ は次の条件をみたす有理関数とする.

(a) 上半平面 $\operatorname{Im} z > 0$ で有限個の極 $a_1, a_2, \cdots, a_n$ を除いて正則

(b) 実軸上に特異点をもたない

(c) $\displaystyle\lim_{|z|\to\infty} |z^2 f(z)| < \infty$

(d) $f(x)$ は偶関数

このとき,次が成り立つ.
$$2\int_0^\infty f(x) \log x\, dx + i\pi \int_0^\infty f(x)\, dx = 2\pi i \sum_{k=1}^n \operatorname{Res}(f(z)\operatorname{Log} z; a_k)$$

注意 次のように変形できる.
$$\int_0^\infty f(x) \log x\, dx = -\pi \cdot \operatorname{Im}\left(\sum_{k=1}^n \operatorname{Res}(f(z)\operatorname{Log} z; a_k)\right)$$

【証明】 右図のように 2 つの上半円周 C_R, C_ε と 2 つの線分 ℓ_1, ℓ_2 からなる単純閉曲線 $C_R + \ell_1 + C_\varepsilon + \ell_2$ をとり,この曲線を境界にもつ単連結な領域を D とする. すなわち
$$\partial D = C_R + \ell_1 + C_\varepsilon + \ell_2$$

ただし,$R > 0$ を十分大きく,$\varepsilon > 0$ を十分小さくとり,極 $a_1, a_2, \cdots, a_n$ が D に含まれるようにする. このとき,留数定理より

(∗) $\displaystyle\int_{\partial D} f(z) \operatorname{Log} z\, dz = \left(\int_{C_R} + \int_{\ell_1} + \int_{C_\varepsilon} + \int_{\ell_2}\right) f(z) \operatorname{Log} z\, dz$
$\displaystyle\qquad\qquad\qquad\qquad = 2\pi i \sum_{k=1}^n \operatorname{Res}(f(z)\operatorname{Log} z; a_k)$

一方,$\ell_1 : z = -x = xe^{i\pi}$ $(x : R \to \varepsilon)$ 上では,$\dfrac{dz}{dx} = -1$, $\operatorname{Log} z = \log x + i\pi$ かつ $f(x)$ は偶関数より $f(z) = f(-x) = f(x)$ だから

$$\int_{\ell_1} f(z)\mathrm{Log}\,z\,dz = \int_R^\varepsilon f(-x)(\log x + i\pi)(-1)\,dx$$
$$= \int_\varepsilon^R f(x)(\log x + i\pi)\,dx$$

$\ell_2 : z = x\ (x : \varepsilon \to R)$ 上では，$\mathrm{Log}\,z = \log x$ だから

$$\int_{\ell_2} f(z)\mathrm{Log}\,z\,dz = \int_\varepsilon^R f(x)\log x\,dx$$

したがって

$$\left(\int_{\ell_1} + \int_{\ell_2}\right) f(z)\mathrm{Log}\,z\,dz$$

$$\longrightarrow 2\int_0^\infty f(x)\log x\,dx + i\pi\int_0^\infty f(x)\,dx \quad \begin{pmatrix} R \to \infty \\ \varepsilon \to 0 \end{pmatrix}$$

また，C_R, C_ε 上では，補題 4.22 $(n=1)$ より

$$\int_{C_R} f(z)\mathrm{Log}\,z\,dz \longrightarrow 0 \quad (R \to \infty)$$

$$\int_{C_\varepsilon} f(z)\mathrm{Log}\,z\,dz \longrightarrow 0 \quad (\varepsilon \to 0)$$

よって，$(*)$ において $R \to \infty, \varepsilon \to 0$ とすると

$$2\int_0^\infty f(x)\log x\,dx + i\pi\int_0^\infty f(x)\,dx = 2\pi i \sum_{k=1}^n \mathrm{Res}\,(f(z)\mathrm{Log}\,z; a_k)$$

が成り立つ． □

補題 4.22

n を自然数とする．

(1) 関数 $f(z)$ が定理 4.21 の条件 (c) をみたすならば
$$\lim_{R \to \infty} \int_{C_R} f(z)(\mathrm{Log}\,z)^n\,dz = 0$$

(2) 関数 $f(z)$ が定理 4.21 の条件 (a), (b) をみたすならば
$$\lim_{\varepsilon \to 0} \int_{C_\varepsilon} f(z)(\mathrm{Log}\,z)^n\,dz = 0$$

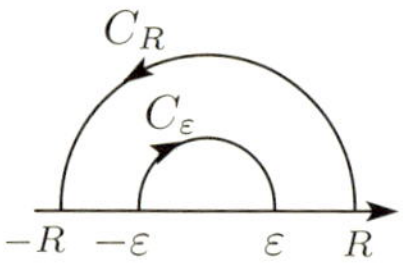

ただし，C_R, C_ε は右図のような上半円周である．

【証明】 (1) $\lim_{|z|\to\infty}|z^2 f(z)| \leqq M < \infty$ とすると，十分大きな正数 $R_0 > 0$ がとれて
$$|z^2 f(z)| \leqq M+1 \quad (|z| \geqq R_0)$$
とできる．このとき，$R \geqq R_0$ に対して $C_R : z = Re^{i\theta}$ $(\theta : 0 \to \pi)$ 上では，$\text{Log}\, z = \log R + i\theta$ より $|\text{Log}\, z| \leqq \log R + \pi$ だから

$$\left| \int_{C_R} f(z)(\text{Log}\, z)^n \right| \leqq \int_{C_R} \frac{|z^2 f(z)|}{|z|^2} |\text{Log}\, z|^n |dz|$$
$$\leqq \int_{C_R} \frac{M+1}{R^2} (\log R + \pi)^n |dz|$$
$$= \frac{M+1}{R} (\log R + \pi)^n \pi \longrightarrow 0 \quad (R \to \infty)$$

よって，$\lim_{R\to\infty} \int_{C_R} f(z)(\text{Log}\, z)^n \, dz = 0$ を得る．

(2) 条件 (a), (b) より，$f(z)$ が $|z| \leqq \varepsilon_0$ で正則となるように十分小さな $\varepsilon_0 > 0$ と，$|z| \leqq \varepsilon_0$ において
$$|f(z)| \leqq N$$
をみたす正数 $N > 0$ がとれる．このとき，$0 < \varepsilon < \varepsilon_0$ に対して $C_\varepsilon : z = \varepsilon e^{i\theta}$ $(\theta : \pi \to 0)$ 上では $\text{Log}\, z = \log \varepsilon + i\theta$ より $|\text{Log}\, z| \leqq |\log \varepsilon| + \pi$ だから

$$\left| \int_{C_\varepsilon} f(z)(\text{Log}\, z)^n \, dz \right| \leqq \int_{C_\varepsilon} |f(z)||\text{Log}\, z|^n |dz| \leqq \int_{C_\varepsilon} N(|\log \varepsilon| + \pi)^n |dz|$$
$$= N(|\log \varepsilon| + \pi)^n \pi \varepsilon \longrightarrow 0 \quad (\varepsilon \to 0)$$

よって，$\lim_{\varepsilon \to 0} \int_{C_\varepsilon} f(z)(\text{Log}\, z)^n \, dz = 0$ を得る． □

例題 4.28 次の積分を求めよ．
$$\int_0^\infty \frac{\log x}{x^2 + 9} \, dx$$

【解答】 $f(z) = \dfrac{1}{z^2+9} = \dfrac{1}{(z-3i)(z+3i)}$ とおくと，$f(z)$ の上半平面上の特異点は 1 位の極 $z = 3i$ $(= 3e^{i\frac{\pi}{2}})$ のみである．一方
$$\text{Res}\,(f(z)\text{Log}\, z; 3i) = \lim_{z\to 3i}(z-3i)f(z)\text{Log}\, z = \frac{1}{6i}\left(\log 3 + i\frac{\pi}{2}\right)$$

また，$f(x)$ は偶関数で $\lim_{|z|\to\infty}|z^2 f(z)|=1\ (<\infty)$ だから (定理 4.21 を使うと) 留数定理より

$$2\int_0^\infty f(x)\log x\,dx + i\pi \int_0^\infty f(x)\,dx = 2\pi i\cdot \operatorname{Res}\left(f(z)\operatorname{Log} z;3i\right)$$
$$= \frac{\pi}{3}\left(\log 3 + i\frac{\pi}{2}\right)$$

よって

$$\int_0^\infty \frac{\log x}{x^2+9}\,dx = \frac{\pi}{6}\log 3 \qquad \square$$

問 4.23 次の積分を求めよ．

(1) $\displaystyle\int_0^\infty \frac{\log x}{x^2+4}\,dx$ (2) $\displaystyle\int_0^\infty \frac{\log x}{(x^2+1)^2}\,dx$

(3) $\displaystyle\int_0^\infty \frac{\log x}{(x^2+4)^2}\,dx$ (4) $\displaystyle\int_0^\infty \frac{\log x}{x^4+1}\,dx$

問 4.24 定理 4.21 の条件のもとで $\displaystyle\int_0^\infty f(x)(\log x)^2\,dx$ の解法について考察せよ．

♦ $\displaystyle\int_0^\infty f(x)\log x\,dx$ の計算　その 2* ♦

関数 $f(x)$ が偶関数とは限らない場合を考える．

定理 4.23

関数 $f(z)$ は次の条件をみたす有理関数とする．

(a) 有限個の極 $a_1, a_2, \cdots, a_n$ を除いて正則

(b) 非負の実軸上に特異点をもたない

(c) $\lim_{|z|\to\infty}|z^2 f(z)|<\infty$

このとき，次が成り立つ．

$$-4\pi i\int_0^\infty f(x)\log x\,dx + 4\pi^2\int_0^\infty f(x)\,dx$$
$$= 2\pi i\sum_{k=1}^n \operatorname{Res}\left(f(z)(\log z)^2;a_k\right)$$

ただし，対数関数は $\log z = \log|z| + i\arg z\ (0\leqq \arg z < 2\pi)$ とする．

注意 次のように変形できる．

$$\int_0^\infty f(x)\log x\,dx = -\frac{1}{2}\mathrm{Re}\left(\sum_{k=1}^n \mathrm{Res}\,(f(z)(\log z)^2; a_k)\right)$$

【証明】 右図のように2つの円周 C_R, C_ε と2つの線分 ℓ_1, ℓ_2 からなる単純閉曲線 $\ell_1 + C_R + \ell_2 + C_\varepsilon$ をとり，この曲線を境界にもつ単連結な領域を D とする．すなわち

$$\partial D = \ell_1 + C_R + \ell_2 + C_\varepsilon$$

ただし，$R > 0$ を十分大きく，$\varepsilon > 0$ を十分小さくとり，極 $a_1, a_2, \cdots, a_n$ が D に含まれるようにする．このとき，留数定理より

$$(*)\quad \int_{\partial D} f(z)(\log z)^2\,dz = \left(\int_{C_R} + \int_{\ell_1} + \int_{C_\varepsilon} + \int_{\ell_2}\right) f(z)(\log z)^2\,dz$$

$$= 2\pi i \sum_{k=1}^n \mathrm{Res}\,(f(z)(\log z)^2; a_k)$$

一方，$\ell_1 : z = x\ (x : \varepsilon \to R)$ 上では，$\log z = \log x$ だから

$$\int_{\ell_1} f(z)(\log z)^2\,dz = \int_\varepsilon^R f(x)(\log x)^2\,dx$$

$\ell_2 : z = x = xe^{2\pi i}\ (x : R \to \varepsilon)$ 上では，$\log z = \log x + 2\pi i$ だから

$$\int_{\ell_2} f(z)(\log z)^2\,dz = \int_R^\varepsilon f(x)(\log x + 2\pi i)^2\,dx$$

$$= -\int_\varepsilon^R f(x)\left((\log x)^2 + 4\pi i \log x - 4\pi^2\right)\,dx$$

したがって

$$\left(\int_{\ell_1} + \int_{\ell_2}\right) f(z)(\log z)^2\,dz$$

$$\longrightarrow -4\pi i \int_0^\infty f(x)\log x\,dx + 4\pi^2 \int_0^\infty f(x)\,dx \quad \begin{pmatrix} R \to \infty \\ \varepsilon \to 0 \end{pmatrix}$$

また，C_R, C_ε 上では，補題 4.24 $(n=2)$ より

$$\int_{C_R} f(z)(\log z)^2\,dz \longrightarrow 0 \quad (R \to \infty)$$

$$\int_{C_\varepsilon} f(z)(\log z)^2\,dz \longrightarrow 0 \quad (\varepsilon \to 0)$$

よって，(∗) において $R \to \infty, \varepsilon \to 0$ とすると

$$-4\pi i \int_0^\infty f(x) \log x\, dx + 4\pi^2 \int_0^\infty f(x)\, dx$$
$$= 2\pi i \sum_{k=1}^n \mathrm{Res}\, (f(z)((\log z)^2; a_k)$$

が成り立つ． □

補題 4.24

n を自然数とする．

(1) 関数 $f(z)$ が定理 4.23 の条件 (c) をみたすならば

$$\lim_{R \to \infty} \int_{C_R} f(z)(\log z)^n\, dz = 0$$

(2) 関数 $f(z)$ が定理 4.23 の条件 (a), (b) をみたすならば

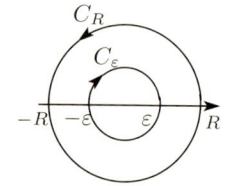

$$\lim_{\varepsilon \to 0} \int_{C_\varepsilon} f(z)(\log z)^n\, dz = 0$$

ただし，$C_R: z = Re^{i\theta}\ (\theta: 0 \to 2\pi)$, $C_\varepsilon: z = \varepsilon e^{i\theta}\ (\theta: 2\pi \to 0)$ とする．

【証明】 (1) $\lim_{|z| \to \infty} |z^2 f(z)| \leqq M < \infty$ とすると，十分大きな正数 $R_0 > 0$ がとれて

$$|z^2 f(z)| \leqq M + 1 \quad (|z| \geqq R_0)$$

とできる．このとき，$R \geqq R_0$ に対して $C_R: z = Re^{i\theta}\ (\theta: 0 \to 2\pi)$ 上では，$\log z = \log R + i\theta$ より $|\log z| \leqq \log R + 2\pi$ だから

$$\left|\int_{C_R} f(z)(\log z)^n\right| \leqq \int_{C_R} \frac{|z^2 f(z)|}{|z|^2} |\log z|^n\, |dz|$$
$$\leqq \int_{C_R} \frac{M+1}{R^2}(\log R + 2\pi)^n\, |dz|$$
$$= \frac{M+1}{R}(\log R + 2\pi)^n \cdot 2\pi \longrightarrow 0 \quad (R \to \infty)$$

よって，$\lim_{R \to \infty} \int_{C_R} f(z)(\log z)^n\, dz = 0$ を得る．

(2) 条件 (a), (b) より, $f(z)$ が $|z| \leqq \varepsilon_0$ で正則となるように十分小さな $\varepsilon_0 > 0$ と, $|z| \leqq \varepsilon_0$ において

$$|f(z)| \leqq N$$

をみたす正数 $N > 0$ がとれる. このとき, $0 < \varepsilon < \varepsilon_0$ に対して $C_\varepsilon : z = \varepsilon e^{i\theta}$ ($\theta : 2\pi \to 0$) 上では $\log z = \log \varepsilon + i\theta$ より $|\log z| \leqq |\log \varepsilon| + 2\pi$ だから

$$\left| \int_{C_\varepsilon} f(z)(\log z)^n \, dz \right| \leqq \int_{C_\varepsilon} |f(z)||\log z|^n \, |dz| \leqq \int_{C_\varepsilon} N(|\log \varepsilon| + 2\pi)^n \, |dz|$$

$$= N(|\log \varepsilon| + 2\pi)^n \cdot 2\pi\varepsilon \longrightarrow 0 \quad (\varepsilon \to 0)$$

よって, $\displaystyle\lim_{\varepsilon \to 0} \int_{C_\varepsilon} f(z)(\log z)^n \, dz = 0$ を得る. □

例題 4.29 次の積分を求めよ.
$$\int_0^\infty \frac{\log x}{(x+2)^2} \, dx$$

【解答】 $f(z) = \dfrac{1}{(z+2)^2}$ とおくと, $f(z)$ の特異点は 1 位の極 $z = -2 \,(= 2e^{i\pi})$ のみである. 一方

$$\mathrm{Res}\,(f(z)(\log z)^2; -2) = \lim_{z \to -2} \left(\frac{d}{dz} \left((z+2)f(z)(\log z)^2 \right) \right)$$

$$= \lim_{z \to -2} \left(\frac{d}{dz}(\log z)^2 \right) = \lim_{z \to -2} \frac{2\log z}{z} = -(\log 2 + i\pi)$$

また, $\displaystyle\lim_{|z| \to \infty} |z^2 f(z)| = 1 \,(< \infty)$ だから (定理 4.23 を使うと) 留数定理より

$$\int_0^\infty f(x) \log x \, dx = -\frac{1}{2} \mathrm{Re}\,\left(\mathrm{Res}\,(f(z)(\log z)^2; -2) \right) = \frac{\log 2}{2} \qquad □$$

問 4.25 次の積分を求めよ.
(1) $\displaystyle\int_0^\infty \frac{\log x}{(3x+1)^2} \, dx$ (2) $\displaystyle\int_0^\infty \frac{\log x}{(x+2)^3} \, dx$
(3) $\displaystyle\int_0^\infty \frac{x \log x}{(x+1)^3} \, dx$ (4) $\displaystyle\int_0^\infty \frac{\log x}{x^3 + 1} \, dx$

付録 A

A.1 一様収束

◆ 各点収束と一様収束 ◆

以下，$f(z)$ を $E\ (\subset \boldsymbol{C})$ 上で定義された複素関数，$\{f_n(z)\}$ を E 上で定義された複素関数列とする．

注意 E の点 z を固定して考えると，$\{f_n(z)\}$ は複素数列である．

E の各点 z を固定するごとに

$$f_n(z) \longrightarrow f(z) \quad (n \to \infty) \qquad \left(\iff \lim_{n\to\infty} |f_n(z) - f(z)| = 0 \right)$$

であるとき，$\{f_n(z)\}$ は $f(z)$ に E 上で**各点収束する**または**収束する**という．

一方，E 上で

$$\sup_{z \in E} |f_n(z) - f(z)| \longrightarrow 0 \quad (n \to \infty)$$

である[1]とき，$\{f_n(z)\}$ は $f(z)$ に E 上で**一様収束する**といい

$$f_n(z) \rightrightarrows f(z) \quad (n \to \infty)$$

と書く．

注意 E が有界な閉集合であって，$f(z)$ が E で連続である場合には，sup を max におきかえることができる．実際

---

[1] $\alpha = \sup_{z \in E} |f(z)|$ とは，次の2つの条件が成り立つことである．
  (i) E の各点 z に対して $\alpha \geqq |f(z)|$ である
  (ii) 任意の $\varepsilon > 0$ に対して $\alpha - \varepsilon < |f(z_0)|$ をみたす $z_0 \in E$ が存在する

> $f(z)$ が有界な閉集合 E で連続 $\implies$ $\sup\limits_{z\in E}|f(z)| = \max\limits_{z\in E}|f(z)|$

注意 $\{f_n(z)\}$ が $f(z)$ に一様収束すれば，$f(z)$ に収束する．

注意 $\{f_n(z)\}$ が $f(z)$ に E 上で一様収束するとき，E 内の任意の部分集合 B 上でも一様収束する．

定理 A.1

$f_n(z)$ $(n=1,2,\cdots)$ が領域 D で連続で，$\{f_n(z)\}$ が $f(z)$ に D 上で一様収束していれば，$f(z)$ は D で連続である．

【証明】$a \in D$ に対して，仮定より
$$\lim_{z\to a}|f_n(z) - f_n(a)| = 0$$
また，任意の $\varepsilon > 0$ に対して，十分大きな自然数 n_0 がとれて
$$n \geqq n_0 \implies \sup_{z\in D}|f_n(z) - f(z)| < \varepsilon$$
とできる．このとき，$z \in D$ に対して
$$0 \leqq |f(z) - f(a)| \leqq |f(z) - f_n(z)| + |f_n(z) - f_n(a)| + |f_n(a) - f(a)|$$
$$< \varepsilon + |f_n(z) - f_n(a)| + \varepsilon$$
ここで $z \to a$ とすると，右辺 $\to 2\varepsilon$ となる．

したがって，ε の任意性より
$$\lim_{z\to a}|f(z) - f(a)| = 0$$
を得る．よって，$f(z)$ は $z = a$ で連続である．また，a の任意性から $f(z)$ が D で連続であることがわかる． □

定理 A.2

$f_n(z)$ $(n=1,2,\cdots)$ が領域 D で連続で，$\{f_n(z)\}$ が $f(z)$ に D 内の長さ有限の曲線 C 上で一様収束していれば，次が成り立つ．

$$\lim_{n\to\infty}\int_C f_n(z)\,dz = \int_C f(z)\,dz$$

$$\left(=\int_C \lim_{n\to\infty} f_n(z)\,dz\right)$$

【証明】 曲線 $C: z(t) = x(t) + iy(t)$ $(t: \alpha \to \beta)$ の長さを L とする．仮定より $\max_{z\in C}|f_n(z) - f(z)| \longrightarrow 0$ $(n \to \infty)$ だから，任意の $\varepsilon > 0$ に対して，十分大きな自然数 n_0 がとれて

$$n \geqq n_0 \implies \max_{z\in C}|f_n(z) - f(z)| < \varepsilon$$

とできるので

$$\left|\int_C f_n(z)\,dz - \int_C f(z)\,dz\right| \leqq \int_C |f_n(z) - f(z)|\,|dz|$$

$$< \varepsilon \int_C |dz| = \varepsilon \cdot L$$

よって，ε の任意性より

$$\lim_{n\to\infty}\int_C f_n(z)\,dz = \int_C f(z)\,dz$$

を得る． □

$\{f_n(z)\}$ に対して

$$F_n(z) = f_1(z) + f_2(z) + \cdots + f_n(z)$$

とする．$\{F_n(z)\}$ が $F(z)$ に E 上で各点収束するとき，$\sum_{n=1}^{\infty} f_n(z)$ は $F(z)$ に E 上で各点収束するといい，$\{F_n(z)\}$ が $F(z)$ に E 上で一様収束するとき，$\sum_{n=1}^{\infty} f_n(z)$ は $F(z)$ に E 上で**一様収束する**という．

─ 定理 A.3 ─────────────────────────────

$f_n(z)$ $(n = 1, 2, \cdots)$ は領域 D で連続とする．$\sum_{n=1}^{\infty} f_n(z)$ が D 上で一様収束していれば，$\sum_{n=1}^{\infty} f_n(z)$ は D で連続である．すなわち，$a \in D$ に対して

$$\lim_{z \to a} \sum_{n=1}^{\infty} f_n(z) = \sum_{n=1}^{\infty} f_n(a)$$

──────────────────────────────────

【証明】 $f_n(z)$ が D で連続だから

$$F_n(z) = f_1(z) + f_2(z) + \cdots + f_n(z)$$

も D で連続である．また，$\{F_n(z)\}$ は $\sum_{n=1}^{\infty} f_n(z)$ に D 上で一様収束するので，$\sum_{n=1}^{\infty} f_n(z)$ は D で連続である． □

─ 定理 A.4 (項別積分) ──────────────────

$f_n(z)$ $(n = 1, 2, \cdots)$ は領域 D で連続とする．$\sum_{n=1}^{\infty} f_n(z)$ が D 内の長さ有限の曲線 C 上で一様収束していれば，C 上で項別積分可能である．すなわち

$$\int_C \sum_{n=1}^{\infty} f_n(z) \, dz = \sum_{n=1}^{\infty} \int_C f_n(z) \, dz$$

──────────────────────────────────

【証明】 $F_n(z) = f_1(z) + f_2(z) + \cdots + f_n(z)$ とおくと

$$\sum_{k=1}^{n} \int_C f_k(z) \, dz = \int_C \sum_{k=1}^{n} f_k(z) \, dz = \int_C F_n(z) \, dz$$

だから

$$\sum_{k=1}^{\infty} \int_C f_k(z) \, dz = \lim_{n \to \infty} \int_C F_n(z) \, dz$$

一方，$\{F_n(z)\}$ は $\sum_{k=1}^{\infty} f_k(z)$ に C 上で一様収束しているので

$$\lim_{n \to \infty} \int_C F_n(z) \, dz = \int_C \lim_{n \to \infty} F_n(z) \, dz = \int_C \sum_{k=1}^{\infty} f_k(z) \, dz$$

となり,項別積分可能であることがわかる. □

定理 A.5 (Weierstrass の優級数判定法)

集合 $E\ (\subset \boldsymbol{C})$ に対して,$|f_n(z)| \leqq M_n\ (z \in E)$ をみたす正数 $M_n > 0$ がとれて,$\sum_{n=1}^{\infty} M_n < \infty$ ならば,$\sum_{n=1}^{\infty} f_n(z)$ は E 上で絶対かつ一様収束する.

【証明】 $\sum_{n=1}^{m} |f_n(z)| \leqq \sum_{n=1}^{\infty} M_n\ (z \in E)$ より $\sum_{n=1}^{\infty} |f_n(z)| \leqq \sum_{n=1}^{\infty} M_n < \infty$ $(z \in E)$ だから $\sum_{n=1}^{\infty} f_n(z)$ は E 上で絶対収束する.一方

$$F(z) = \sum_{n=1}^{\infty} f_n(z), \quad F_n(z) = f_1(z) + f_2(z) + \cdots + f_n(z)$$

とおくと

$$|F_n(z) - F(z)| = \left|\sum_{k=n+1}^{\infty} f_k(z)\right| \leqq \sum_{k=n+1}^{\infty} |f_k(z)| \leqq \sum_{k=n+1}^{\infty} M_k$$

ここで

$$\sum_{k=n+1}^{\infty} M_k = \sum_{k=1}^{\infty} M_k - \sum_{k=1}^{n} M_k \longrightarrow 0 \quad (n \to \infty)$$

だから

$$\sup_{z \in E} |F_n(z) - F(z)| \longrightarrow 0 \quad (n \to \infty)$$

よって,$\{F_n(z)\}$ は $F(z)$ に E 上で一様収束する. □

定理 A.6 (Abel の定理)

R をべき級数 $\sum_{n=0}^{\infty} b_n(z-a)^n$ の収束半径とする.このとき,$0 < r < R$ に対して $\sum_{n=0}^{\infty} b_n(z-a)^n$ は $|z-a| \leqq r$ 上で一様収束する.

注意 べき級数 $\sum_{n=0}^{\infty} b_n(z-a)^n$ は収束円内 $|z-a| < R$ の長さ有限の単純閉曲線 $C : |z-a| = r\ (0 < r < R)$ 上でも一様収束することがわかる.

【証明】 $r < |z_0 - a| < R$ をみたす z_0 をとると，定理 3.23 より $\sum_{n=0}^{\infty} b_n(z_0 - a)^n$ は絶対収束する．したがって，定理 3.12 より $\lim_{n \to \infty} b_n(z_0 - a)^n = 0$ となるので，正数 $M > 0$ がとれて

$$|b_n(z_0 - a)^n| \leqq M \quad (n = 0, 1, 2, \cdots)$$

とできる．このとき，$|z - a| \leqq r$ に対して

$$|b_n(z - a)^n| = |b_n(z_0 - a)^n| \left(\frac{|z - a|}{|z_0 - a|}\right)^n \leqq M \left(\frac{r}{|z_0 - a|}\right)^n$$

ここで，$M_n = M \left(\dfrac{r}{|z_0 - a|}\right)^n$ とおくと，$|z - a| \leqq r$ 上で $|b_n(z - a)^n| \leqq M_n$ となり，$\dfrac{r}{|z_0 - a|} < 1$ より $\sum_{n=0}^{\infty} M_n < \infty$ だから，定理 A.5 より $\sum_{n=0}^{\infty} b_n(z - a)^n$ は $|z - a| \leqq r$ 上で一様収束する． □

A.2 正則関数の性質

定理 A.7 (l'Hospital (ロピタル) の定理)

関数 $f(z), g(z)$ は点 a の近傍で正則で，$f(a) = g(a) = 0$ とする．このとき，$\lim_{z \to a} \dfrac{f'(z)}{g'(z)}$ が存在すれば，次が成り立つ．

$$\lim_{z \to a} \frac{f(z)}{g(z)} = \lim_{z \to a} \frac{f'(z)}{g'(z)}$$

【証明】 $f(z), g(z)$ のテイラー展開は，$f(a) = g(a) = 0$ より

$$f(z) = (z - a)\left(f'(a) + \frac{f''(a)}{2!}(z - a) + \frac{f'''(a)}{3!}(z - a)^2 + \cdots\right)$$

$$g(z) = (z - a)\left(g'(a) + \frac{g''(a)}{2!}(z - a) + \frac{g'''(a)}{3!}(z - a)^2 + \cdots\right)$$

だから，定理 A.6 と定理 A.3 より

$$\lim_{z \to a} \frac{f(z)}{g(z)} = \lim_{z \to a} \frac{f'(a) + \frac{f''(a)}{2!}(z - a) + \frac{f'''(a)}{3!}(z - a)^2 + \cdots}{g'(a) + \frac{g''(a)}{2!}(z - a) + \frac{g'''(a)}{3!}(z - a)^2 + \cdots}$$

$$= \frac{f'(a)}{g'(a)} = \lim_{z \to a} \frac{f'(z)}{g'(z)}$$

を得る. □

定理 A.8

関数 $f(z)$ は $|z-a| < R$ で正則とする. $f^{(n)}(a) = 0$ $(n = 0, 1, 2, \cdots)$ ならば, $|z-a| < R$ で $f(z) \equiv 0$ となる.

【証明】 $f(z)$ は $|z-a| < R$ で正則で, $f(z) = \sum_{n=0}^{\infty} \dfrac{f^{(n)}}{n!}(z-a)^n$ とテイラー展開できる. 一方, 仮定より右辺 $\equiv 0$ だから $f(z) \equiv 0$ がわかる. □

定理 A.9

関数 $f(z)$ は領域 D で正則とし, D_0 を D の部分領域とする. このとき, D_0 で $f(z) \equiv 0$ ならば, D で $f(z) \equiv 0$ となる.

【証明】 D_0 内の 1 点 a をとると, D_0 で $f(z) \equiv 0$ より $f^{(n)}(a) = 0$ $(n = 0, 1, 2, \cdots)$ となる. ここで, a と ∂D との距離を d とすると, $|z-a| < d$ で $f(z)$ は正則だから定理 A.8 より $|z-a| < d$ で $f(z) \equiv 0$ となる.

D 内の任意の点 b をとると, D 内に含まれる折れ線 γ によって, a と b を結ぶことができる.

$|z-a| < d$ に含まれる γ 上の 1 点 a_1 をとると, $f^{(n)}(a_1) = 0$ $(n = 0, 1, 2, \cdots)$ となる. a_1 と ∂D との距離を d_1 とすると, $|z-a_1| < d_1$ で $f(z)$ は正則だから定理 A.8 より $|z-a_1| < d_1$ で $f(z) \equiv 0$ となる.

次に, $|z-a_1| < d_1$ に含まれる γ 上の 1 点 a_2 をとると, 同様の考察により, $|z-a_2| < d_2$ (d_2 は a_2 と ∂D との距離) で $f(z) \equiv 0$ となる.

これを繰り返して行なえば, ある番号 N に対して, $|z-a_N| < d_N$ が点 b を含むようにできるから, $f(b) = 0$ を得る. よって, b の任意性から D で $f(z) \equiv 0$ がわかる. □

定理 A.10 (因数定理)

関数 $f(z)$ は $|z-a| < R$ で定数でない正則な関数であり，$f(a) = 0$ とする．このとき，$|z-a| < R$ で
$$f(z) = (z-a)^k g(z), \quad g(a) \neq 0$$
をみたす自然数 k と $|z-a| < R$ で正則な関数 $g(z)$ が存在する．

【証明】定理 A.8 より $f(a) = \cdots = f^{(k-1)}(a) = 0, f^{(k)}(a) \neq 0$ をみたす $k \in \mathbf{N}$ がある．したがって，$f(z)$ のテイラー展開は
$$f(z) = \frac{f^{(k)}}{k!}(z-a)^k + \frac{f^{(k+1)}}{(k+1)!}(z-a)^{k+1} + \cdots$$
$$= (z-a)^k g(z), \quad g(z) = \frac{f^{(k)}}{k!} + \frac{f^{(k+1)}}{(k+1)!}(z-a) + \cdots$$
となる．また，$g(z)$ は $|z-a| < R$ で正則で，$g(a) \neq 0$ である． □

注意 $f(z)$ が点 a の近傍で $f(z) = (z-a)^k g(z), g(a) \neq 0$ と書けるとき，$f(z)$ は $z = a$ において k 位の零点をもつ．

定理 A.11

関数 $f(z)$ は $|z-a| < R$ で正則とする．$|z_n - a| < R$, $z_n \neq a$, $\lim_{n \to \infty} z_n = a$ をみたす数列 $\{z_n\}$ に対して $f(z_n) = 0$ $(n = 1, 2, \cdots)$ ならば，$|z-a| < R$ で $f(z) \equiv 0$ となる．

【証明】$f(z)$ の連続性より $f(a) = 0$ である．いま，$f(z) \not\equiv 0$ と仮定すると
$$f(z) = (z-a)^k g(z), \quad g(a) \neq 0$$
をみたす $k \in \mathbf{N}$ と $|z-a| < R$ で正則な関数 $g(z)$ を選ぶことができる．これに $z = z_n$ を代入すると
$$0 = f(z_n) = (z_n - a)^k g(z_n)$$
また，$z_n \neq a$ より $g(z_n) = 0$ となる．一方，$g(z)$ の連続性より $0 = \lim_{n \to \infty} g(z_n) = g(a)$ となり矛盾する．よって，$|z-a| < R$ で $f(z) \equiv 0$ がわかる． □

定理 A.12 (一致の定理)

関数 $f(z), g(z)$ は領域 D で正則とする. D の 1 点 a と, $z_n \neq a$ かつ $\lim_{n \to \infty} z_n = a$ をみたす数列 $\{z_n\} \subset D$ に対して, $f(z_n) = g(z_n)$ $(n = 1, 2, \cdots)$ ならば, D で $f(z) \equiv g(z)$ となる.

【証明】 $h(z) = f(z) - g(z)$ とおき, D で $h(z) \equiv 0$ を示す. 仮定より $h(z)$ は D で正則で, $h(z_n) = 0$ $(n = 1, 2, \cdots)$ である. a と ∂D との距離を R とすると, 十分大きな番号 n_0 がとれて $|z_n - a| < R$ $(n \geqq n_0)$ とできる. また, $h(z)$ は $|z - a| < R$ で正則だから定理 A.11 より $|z - a| < R$ で $h(z) \equiv 0$ となる. よって, 定理 A.9 より $h(z) \equiv 0$ がわかる. □

定理 A.13 (最大絶対値の原理)

関数 $f(z)$ は領域 D で正則とする. $|f(z)|$ が D の内点で最大値をとるならば, D で $f(z) \equiv$ 定数である.

【証明】 D の 1 点 a で $|f(z)|$ が D での最大値 M をとるとする. すなわち

$$|f(z)| \leq M = |f(a)| \quad (z \in D)$$

a と ∂D との距離を d とすると $|z - a| < d$ は D に含まれる. $0 < r < d$ に対して, コーシーの積分表示より

$$M = |f(a)| = \left| \frac{1}{2\pi i} \int_{|z-a|=r} \frac{f(z)}{z-a} \, dz \right| = \left| \frac{1}{2\pi} \int_0^{2\pi} f(a + re^{i\theta}) \, d\theta \right|$$

$$\leqq \frac{1}{2\pi} \int_0^{2\pi} |f(a + re^{i\theta})| \, d\theta \leqq \frac{1}{2\pi} \int_0^{2\pi} M \, d\theta = M$$

だから右辺＝左辺となり

$$\int_0^{2\pi} \left(M - |f(a + re^{i\theta})| \right) d\theta = 0$$

が成り立つ. 一方, $M - |f(a + re^{i\theta})| \geqq 0$ だから f の連続性よりすべての θ に対して $|f(a + re^{i\theta})| \equiv M$ となる. したがって, r の任意性より $|z - a| < d$ で $|f(z)| \equiv M$ がわかる. さらに, 問 2.6 より $|z - a| < d$ で $f(z) \equiv$ 定数となり, 一致の定理より D で $f(z) \equiv$ 定数がわかる. □

問 A.1 関数 $f(z)$ が有界な閉領域 $\overline{D}$ で正則ならば，$|f(z)|$ は境界 ∂D で最大値をとること (**最大絶対値の原理**) を示せ．

問 A.2 関数 $f(z)$ が領域 $D: |z| < R$ で正則で
$$f(0) = 0, \qquad |f(z)| \leqq M \quad (z \in D)$$
ならば，(i) 不等式
$$|f(z)| \leqq \frac{M}{R}|z| \qquad (z \in D)$$
が成り立つこと，および，(ii) もし，$0 < |z_0| < R$ をみたす z_0 で上式の等号が成立すれば，ある適当な実数 t がとれて
$$f(z) = \frac{M}{R} e^{it} z \qquad (z \in D)$$
と書けること (**Schwarz (シュワルツ) の補題**) を示せ．

答とヒント

問 1.1 (1) $-i$ (2) $\dfrac{3}{2} - \dfrac{1}{2}i$ (3) $-32i$ (4) $\cos\theta - i\sin\theta$

問 1.2 (1) $x = -2, y = -7$ (2) $x = \dfrac{13}{2}, y = 17$ (3) $x = \dfrac{\alpha}{\alpha^2 + \beta^2}, y = \dfrac{-\beta}{\alpha^2 + \beta^2}$

問 1.3 (1) $12 - 5i$ (2) 4 (3) $-5 - 5i$ (4) $\dfrac{2}{5} + \dfrac{11}{5}i$ (5) $\dfrac{13}{25} - \dfrac{1}{25}i$ (6) $\dfrac{7}{4} - \dfrac{1}{4}i$

問 1.4 (1) z^2 (2) $\overline{z}^2 + 2z$ (3) z^3 (4) $z(3 + i\overline{z})$

問 1.5 略

問 1.6 略

問 1.7 (1) $|x|, |y| \leqq \sqrt{x^2 + y^2}$ (2) $\sqrt{x^2 + y^2} \leqq \sqrt{(|x| + |y|)^2} = |x| + |y|$

問 1.8 (1) $2\left(\cos\dfrac{\pi}{6} + i\sin\dfrac{\pi}{6}\right)$ (2) $\sqrt{2}\left(\cos\dfrac{3}{4}\pi + i\sin\dfrac{3}{4}\pi\right)$

(3) $\cos\left(-\dfrac{2}{3}\pi\right) + i\sin\left(-\dfrac{2}{3}\pi\right)$ (4) $\sqrt{2}\left(\cos\left(-\dfrac{\pi}{12}\right) + i\sin\left(-\dfrac{\pi}{12}\right)\right)$

問 1.9 $a_n\overline{\alpha}^n + a_{n-1}\overline{\alpha}^{n-1} + \cdots + a_0 = \overline{a_n\alpha^n + a_{n-1}\alpha^{n-1} + \cdots + a_0} = \overline{0} = 0$

問 1.10 点 $B(z_2)$ を原点 $O(0)$ に平行移動すると点 $A(z_1)$, 点 $C(z_3)$ はそれぞれ点 $A'(z_1 - z_2)$, 点 $C'(z_3 - z_2)$ に移る. このとき, $\angle ABC = \angle A'OC' = \arg(z_1 - z_2) - \arg(z_3 - z_2) = \arg\dfrac{z_1 - z_2}{z_3 - z_2}$. 同様にして, $\angle PQR = \arg\dfrac{w_1 - w_2}{w_3 - w_2}$ だから $\angle ABC = \angle PQR \Leftrightarrow \arg\dfrac{z_1 - z_2}{z_3 - z_2} = \arg\dfrac{w_1 - w_2}{w_3 - w_2}$. 一方, $AB : BC = PQ : QR \Leftrightarrow \dfrac{|z_1 - z_2|}{|z_3 - z_2|} = \dfrac{|w_1 - w_2|}{|w_3 - w_2|} \Leftrightarrow \left|\dfrac{z_1 - z_2}{z_3 - z_2}\right| = \left|\dfrac{w_1 - w_2}{w_3 - w_2}\right|$. よって, $\triangle ABC \backsim \triangle PQR \Leftrightarrow \dfrac{z_1 - z_2}{z_3 - z_2} = \dfrac{w_1 - w_2}{w_3 - w_2}$

問 1.11 (1) $\sqrt{2}e^{i\frac{\pi}{4}}$ (2) $2e^{-i\frac{\pi}{6}}$ (3) $\dfrac{\sqrt{2}}{2}e^{i\frac{3}{4}\pi}$ (4) $4e^{i\frac{5}{6}\pi}$

問 1.12 (1) $A^i = \{z \in \boldsymbol{C} \mid -1 < \operatorname{Re}z < 1,\ 2 < \operatorname{Im}z < 3\}$, $\partial A = \{z \in \boldsymbol{C} \mid \operatorname{Re}z = -1,\ 2 \leqq \operatorname{Im}z \leqq 3\} \cup \{z \in \boldsymbol{C} \mid \operatorname{Re}z = 1,\ 2 \leqq \operatorname{Im}z \leqq 3\} \cup \{z \in \boldsymbol{C} \mid -1 \leqq \operatorname{Re}z \leqq 1,\ \operatorname{Im}z = 2\} \cup \{z \in \boldsymbol{C} \mid -1 \leqq \operatorname{Re}z \leqq 1,\ \operatorname{Im}z = 3\}$, $\overline{A} = A$

(2) $A^i = \{z \in \boldsymbol{C} \mid 1 < |z| < 2,\ 0 < \arg z < \pi/4\}$, $\partial A = \{z \in \boldsymbol{C} \mid 1 \leqq \operatorname{Re} z \leqq 2,\ \operatorname{Im} z = 0\} \cup \{z \in \boldsymbol{C} \mid |z| = 2,\ 0 \leqq \arg z \leqq \pi/4\} \cup \{z \in \boldsymbol{C} \mid 1 \leqq |z| \leqq 2,\ \arg z = \pi/4\} \cup \{z \in \boldsymbol{C} \mid |z| = 1,\ 0 \leqq \arg z \leqq \pi/4\}$, $\overline{A} = \{z \in \boldsymbol{C} \mid 1 \leqq |z| \leqq 2,\ 0 \leqq \arg z \leqq \pi/4\}$

(3) $A^i = \{z \in \boldsymbol{C} \mid |z| > 1,\ \operatorname{Re} z < 0,\ \operatorname{Im} z > 0\}$, $\partial A = \{z \in \boldsymbol{C} \mid |z| = 1,\ \pi/2 \leqq \arg z \leqq \pi\} \cup \{z \in \boldsymbol{C} \mid \operatorname{Re} z \leqq -1,\ \operatorname{Im} z = 0\} \cup \{z \in \boldsymbol{C} \mid \operatorname{Re} z = 0,\ \operatorname{Im} z \geqq 1\}$, $\overline{A} = \{z \in \boldsymbol{C} \mid |z| \geqq 1,\ \operatorname{Re} z \leqq 0,\ \operatorname{Im} z \geqq 0\}$

問 1.13 略

問 1.14 (1) $u = x^3 - 3xy^2$, $v = 3x^2 y - y^3$ (2) $u = (x-3)^2 - y^2$, $v = 2(x-3)y$
(3) $u = x(x-2) - y(y+1)$, $v = xy + (x-2)(y+1)$

問 1.15 (1) $f(D) = \{w \in \boldsymbol{C} \mid -4 < \operatorname{Re} w < 2,\ -1 < \operatorname{Im} w < 5\}$
(2) $f(D) = \{w \in \boldsymbol{C} \mid 1 \leqq |w| \leqq 4,\ 0 \leqq \arg w \leqq \pi/2\}$
(3) $f(D) = \{w \in \boldsymbol{C} \mid |w| \leqq 8,\ \operatorname{Im} z \geqq 0\} \cup \{w \in \boldsymbol{C} \mid |w| \leqq 8,\ \operatorname{Re} z \leqq 0\}$

問 1.16 (1) $\dfrac{\sqrt{2}}{2}(1+i), \dfrac{\sqrt{2}}{2}(-1-i)$ (2) $\dfrac{\sqrt{2}}{2}(1-i), \dfrac{\sqrt{2}}{2}(-1+i)$
(3) $\dfrac{1}{2}(\sqrt{3}-i), i, \dfrac{1}{2}(-\sqrt{3}-1)$
(4) $\dfrac{1}{2}(\sqrt{3}+i), i, \dfrac{1}{2}(-\sqrt{3}+i), \dfrac{1}{2}(-\sqrt{3}-i), -i, \dfrac{1}{2}(\sqrt{3}-i)$

問 1.17 (1) $2e^{i\frac{1+2k}{4}\pi}\ (k=0,1,2,3) = \sqrt{2}(1+i), \sqrt{2}(-1+i), \sqrt{2}(-1-i), \sqrt{2}(1-i)$
(2) $e^{i\frac{k}{3}\pi}\ (k=0,1,\cdots,6) = 1, \dfrac{1}{2}(1+\sqrt{3}i), \dfrac{1}{2}(-1+\sqrt{3}i), -1, \dfrac{1}{2}(-1-\sqrt{3}i), \dfrac{1}{2}(1-\sqrt{3}i)$
(3) ($z^6 - 1 = (z-1)(z^5 + z^4 + \cdots + 1)$ に注意する)
$e^{i\frac{k}{3}\pi}\ (k=1,2,\cdots,6) = \dfrac{1}{2}(1+\sqrt{3}i), \dfrac{1}{2}(-1+\sqrt{3}i), -1, \dfrac{1}{2}(-1-\sqrt{3}i), \dfrac{1}{2}(1-\sqrt{3}i)$

問 1.18 $1 - \omega^n = (1-\omega)(1 + \omega + \cdots + \omega^{n-1})$ より $1 + \omega + \cdots + \omega^{n-1} = \begin{cases} n & (\omega = 1) \\ 0 & (\omega \neq 1) \end{cases}$

問 1.19 (1) $\dfrac{\sqrt{2}e}{2}(1+i)$ (2) $\dfrac{\sqrt{2}}{2e}(1-i)$ (3) $\dfrac{1}{2e^2}(1+\sqrt{3}i)$ (4) $\dfrac{e^2}{2}(1-\sqrt{3}i)$

問 1.20 $e^{z_1} e^{z_2} = e^{x_1}(\cos y_1 + i \sin y_2) e^{x_2}(\cos y_2 + i \sin y_2) = e^{x_1 + x_2}(\cos(y_1 + y_2) + i \sin(y_1 + y_2)) = e^{z_1 + z_2}$

問 1.21 (1) $\dfrac{\sqrt{2}}{4}(e + e^{-1}) + i\dfrac{\sqrt{2}}{4}(e - e^{-1})$ (2) $\dfrac{\sqrt{2}}{4}(e + e^{-1}) - i\dfrac{\sqrt{2}}{4}(e - e^{-1})$
(3) $\dfrac{1}{4}(e^2 + e^{-2}) + i\dfrac{\sqrt{3}}{4}(e^2 - e^{-2})$ (4) $\dfrac{\sqrt{3}}{4}(e^2 + e^{-2}) - \dfrac{i}{4}(e^2 - e^{-2})$

問 **1.22** 略

問 **1.23** 略

問 **1.24** (1) $i\left(\dfrac{1}{2}+2k\right)\pi$ $(k \in \mathbf{Z})$ (2) $i\left(-\dfrac{1}{2}+2k\right)\pi$ $(k \in \mathbf{Z})$

(3) $\dfrac{1}{2}\log 2 + i\left(\dfrac{1}{4}+2k\right)\pi$ $(k \in \mathbf{Z})$ (4) $\dfrac{1}{2}\log 2 + i\left(-\dfrac{1}{4}+2k\right)\pi$ $(k \in \mathbf{Z})$

問 **1.25** (1) $e^{-(\frac{1}{2}+2k)\pi}$ $(k \in \mathbf{Z})$

(2) $2e^{(\frac{1}{2}+2k)\pi}\left(\cos\left(-\log 2 + \dfrac{\pi}{2}\right) + i\sin\left(-\log 2 + \dfrac{\pi}{2}\right)\right)$ $(k \in \mathbf{Z})$

(3) $e^{-(\frac{1}{4}+2k)\pi}\left(\cos\left(\dfrac{1}{2}\log 2\right) + i\sin\left(\dfrac{1}{2}\log 2\right)\right)$ $(k \in \mathbf{Z})$

(4) $\sqrt{2}e^{(\frac{1}{4}-2k)\pi}\left(\cos\left(\dfrac{1}{2}\log 2 - \dfrac{\pi}{4}\right) + i\sin\left(\dfrac{1}{2}\log 2 - \dfrac{\pi}{4}\right)\right)$ $(k \in \mathbf{Z})$

問 **1.26** $(\cos(\alpha x + \beta))^{(n)} = \alpha^n \cos\left(\alpha x + \beta + \dfrac{n}{2}\pi\right)$,

$(\sin(\alpha x + \beta))^{(n)} = \alpha^n \sin\left(\alpha x + \beta + \dfrac{n}{2}\pi\right)$

問 **1.27** $(e^x \cos x)^{(n)} = 2^{n/2} e^x \cos\left(x + \dfrac{n}{4}\pi\right)$, $(e^x \sin x)^{(n)} = 2^{n/2} e^x \sin\left(x + \dfrac{n}{4}\pi\right)$

問 **1.28** (1) $f(x) = c_1 \cos 2x + c_2 \sin 2x$ (c_1, c_2 は任意定数)

(2) $f(x) = c_1 e^{-2x} + c_2 e^x$ (c_1, c_2 は任意定数)

(3) $f(x) = c_1 e^{-(2-\sqrt{3})x} + c_2 e^{-(2+\sqrt{3})x}$ (c_1, c_2 は任意定数)

(4) $f(x) = e^{-x/2}\left(c_1 \cos \dfrac{\sqrt{3}}{2}x + c_2 \sin \dfrac{\sqrt{3}}{2}x\right)$ (c_1, c_2 は任意定数)

問 **2.1** (1) -3 (2) -1 (3) 3

問 **2.2** (1) $f'(z) = 5z^4 - i$ (2) $f'(z) = -\dfrac{4z^3}{(z^4+i)^2}$ (3) $f'(z) = -\dfrac{3(z^2+i)}{(z^2-3i)^3}$

(4) $f'(z) = -\dfrac{2(5z^4 + (6+i)z^2 + 2i)}{(z^3+iz)^5}$

問 **2.3** (1) 正則, $f'(z) = 3z^2$ (2) 正則でない (3) 正則でない (4) 正則, $f'(z) = -e^{-z}$

問 **2.4** $x = r\cos\theta, y = r\sin\theta$ より $u_r = u_x x_r + u_y y_r = u_x \cos\theta + u_y \sin\theta$, $u_\theta = -r(u_x \sin\theta - u_y \cos\theta)$, $v_r = v_x \cos\theta + v_y \sin\theta$, $v_\theta = r(-v_x \sin\theta + v_y \cos\theta)$. よって, $u_x = v_y, u_y = -v_x$ より $u_r = v_\theta/r, v_r = -u_\theta/r$

問 **2.5** $f = u + iv$ が正則より $u_x = v_y, u_y = -v_x$. また, $\overline{f} = u + i(-v)$ が正則より $u_x = (-v)_y, u_y = -(-v)_x$ だから $u_x = u_y = v_x = v_y = 0$. よって, $f = u + iv \equiv$

答とヒント　131

定数．（別解）$g = \operatorname{Re} f = \frac{1}{2}(f + \overline{f})$ とおくと，g は正則で $\operatorname{Im} g = 0$ だから定理 2.9 より $g = \operatorname{Re} f \equiv$ 定数．よって，定理 2.9 より $f \equiv$ 定数

問 2.6　$|f|^2 \equiv k$（定数）とすると，$k = 0$ のとき $f \equiv 0$．$k \neq 0$ のとき，$f \neq 0$ で $f\overline{f} = |f|^2 \equiv k^2$ より $\overline{f} = k^2/f$ となり f の正則性より $\overline{f}$ の正則性がわかる．よって，問 2.5 より $f \equiv$ 定数．（別解）$\log f = \log |f| + i \arg f$ において，$(\log |f|)_x = (\log |f|)_y = 0$ だから定理 2.9 より $\log f \equiv$ 定数，すなわち $f \equiv$ 定数

問 2.7　(1) $\Delta f = \Delta(u + iv) = \Delta u + i\Delta v = 0$
(2) $|f'|^2 = |u_x + iv_x|^2 = u_x^2 + v_x^2$．一方，$(u^2)_{xx} = 2(uu_x)_x = 2(uu_{xx} + u_x^2)$，$\Delta u = \Delta v = 0$ より $\Delta |f|^2 = \Delta(u^2 + v^2) = 2(u\Delta u + v\Delta v + u_x^2 + u_y^2 + v_x^2 + v_y^2) = 2(u_x^2 + u_y^2 + v_x^2 + v_y^2)$．よって，$u_x = v_y, u_y = -v_x$ より $4|f'|^2 = \Delta |f|^2$

問 2.8　(1) $\dfrac{1}{\cos^2 z}$　(2) $2ze^{z^2}(\cos(3z^2 - i) - 3\sin(3z^2 - i))$　(3) $\dfrac{e^z - e^{-z}}{e^z + e^{-z}} = \dfrac{\sinh z}{\cosh z}$

問 2.9　略

問 2.10　(1) $-\dfrac{i}{3}$　(2) $\dfrac{1}{2}(1 - e)$　(3) $\dfrac{1}{3} - \dfrac{1}{24}(e + e^{-1})^3$

問 2.11　(1) 0　(2) 0

問 2.12　(1) $\dfrac{28}{3}$　(2) $4e^5 + 2e^{-1}$

問 2.13　D の 1 点 a を固定する．a を始点，$z \in D$ を終点とする D 内の曲線 C に沿った $f(z)$ の積分を考える．定理 2.17 より $\displaystyle\int_C f(\zeta)\,d\zeta$ の値は z のみに依存するので，$F(z) = \displaystyle\int_C f(\zeta)\,d\zeta$ とおくと，$F(z)$ は z の関数となる．したがって，$F(z)$ が D で正則で $F'(z) = f(z)$ を示せばよい．実際，D の任意の点 z_0 をとり，開円板 $B: |z - z_0| < r$ が D に含まれるように十分小さな正数 $r > 0$ を選ぶ．B の任意の点 z_0 に対して，z_0 を始点，z を終点とする線分路を $\overline{z_0 z}$ と書くと，$F(z) = F(z_0) + \displaystyle\int_{\overline{z_0 z}} f(\zeta)\,d\zeta$ となる．$f(z_0) = \dfrac{1}{z - z_0}\displaystyle\int_{\overline{z_0 z}} f(z_0)\,dz$ だから $\dfrac{F(z) - F(z_0)}{z - z_0} - f(z_0) = \dfrac{1}{z - z_0}\displaystyle\int_{\overline{z_0 z}} (f(\zeta) - f(z_0))\,d\zeta$ が成り立つ．一方，f は連続だから，どんなに小さな $\varepsilon > 0$ に対しても，適当な $\delta > 0$ がとれて，$|\zeta - z_0| < \delta \Longrightarrow |f(\zeta) - f(z_0)| < \varepsilon$ とできる．したがって，$|\zeta - z_0| < \delta$ ならば $\left|\dfrac{F(z) - F(z_0)}{z - z_0} - f(z_0)\right| \leq \dfrac{1}{|z - z_0|}\displaystyle\int_{\overline{z_0 z}} |f(\zeta) - f(z_0)||d\zeta| < \dfrac{\varepsilon}{|z - z_0|}\displaystyle\int_{\overline{z_0 z}} |d\zeta| = \varepsilon$ となる．よって，ε の任意性より $F(z)$ は $z = z_0$ で微分可能で $F'(z_0) = f(z_0)$ となる

問 2.14　D の 1 点 a を固定する．a を始点，$z \in D$ を終点とする D 内の曲線 C_1 と C_2 をとる．$C = C_1 + (-C_2)$ とすると，仮定より $\displaystyle\int_C f(z)\,dz = 0$ だから $\displaystyle\int_{C_1} f(z)\,dz = \displaystyle\int_{C_2} f(z)\,dz$ が成り立ち，この積分の値は z のみに依存することがわかる．したがっ

て, $F(z) = \int_{C_1} f(\zeta) d\zeta$ とおくと, $F(z)$ は z の関数となる. よって, 問 2.13 の答と同じ論法により, $F'(z) = f(z)$ となる. 実際, D の任意の点 z_0 をとり, 開円板 $B : |z - z_0| < r$ が D に含まれるように十分小さな正数 $r > 0$ を選ぶ. B の任意の点 z_0 に対して, z_0 を始点, z を終点とする線分路を $\overline{z_0 z}$ と書くと, $F(z) = F(z_0) + \int_{\overline{z_0 z}} f(\zeta) d\zeta$ となる. $f(z_0) = \dfrac{1}{z - z_0} \int_{\overline{z_0 z}} f(z_0) dz$ だから $\dfrac{F(z) - F(z_0)}{z - z_0} - f(z_0) = \dfrac{1}{z - z_0} \int_{\overline{z_0 z}} (f(\zeta) - f(z_0)) d\zeta$ が成り立つ. 一方, f は連続だから, どんなに小さな $\varepsilon > 0$ に対しても, 適当な $\delta > 0$ がとれて, $|\zeta - z_0| < \delta \Longrightarrow |f(\zeta) - f(z_0)| < \varepsilon$ とできる. したがって, $|z - z_0| < \delta$ ならば $\left| \dfrac{F(z) - F(z_0)}{z - z_0} - f(z_0) \right| \leqq \dfrac{1}{|z - z_0|} \int_{\overline{z_0 z}} |f(\zeta) - f(z_0)| |d\zeta| < \dfrac{\varepsilon}{|z - z_0|} \int_{\overline{z_0 z}} |d\zeta| = \varepsilon$ となる. よって, ε の任意性より $F(z)$ は $z = z_0$ で微分可能で $F'(z_0) = f(z_0)$ となる. ゆえに, z_0 の任意性から $F(z)$ は D で正則となり, $f(z) = F'(z)$ は D で正則であることがわかる.

問 2.15 (1) 2π (2) $-\dfrac{2\pi}{81}$ (3) $\dfrac{\pi}{4e^3}$ (4) $\dfrac{\pi}{3}(e + e^{-1})$

問 2.16 (1) $-\dfrac{3\pi}{8}$ (2) $\dfrac{\pi}{3e^2}$ (3) $28\pi i$ (4) $\pi(e^{-1} - e)$

問 2.17 $|f^{(n)}(a)| \leqq \dfrac{n!}{2\pi} \int_{|z-a|=r} \dfrac{|f(z)|}{|z-a|^{n+1}} |dz|$

問 2.18 ℓ_1 上では, $\int_{\ell_1} f(z) dz = \int_0^R e^{-x^2} dx \longrightarrow \int_0^\infty e^{-x^2} dx = \dfrac{\sqrt{\pi}}{2}$ $(R \to \infty)$. ℓ_2 上では, $\dfrac{dz}{dt} = e^{i\frac{\pi}{4}}$ より $\int_{\ell_2} f(z) dz = \int_R^0 e^{-it^2} e^{i\frac{\pi}{4}} dt \longrightarrow -e^{i\frac{\pi}{4}} \int_0^\infty (\cos t^2 - i \sin t^2) dt$ $(R \to \infty)$. C_R 上では, $\dfrac{dz}{d\theta} = iRe^{i\theta}$ より $\left| \int_{C_R} f(z) dz \right| \leqq \int_0^{\pi/4} e^{-R^2 \cos 2\theta} R \, d\theta$ $(2\theta = \pi/2 - t$ とおくと$) = \dfrac{R}{2} \int_0^{\pi/2} e^{-R^2 \sin t} dt \leqq \dfrac{R}{2} \int_0^{\pi/2} e^{-R^2 \cdot 2t/\pi} dt = \dfrac{\pi}{4R}(1 - e^{-R^2}) \longrightarrow 0$ $(R \to \infty)$. よって, コーシーの積分定理より $\left(\int_{\ell_1} + \int_{C_R} + \int_{\ell_2} \right) f(z) dz = 0$ が成り立つので, $R \to \infty$ とすると $\int_0^\infty (\cos t^2 - i \sin t^2) dt = e^{-i\frac{\pi}{4}} \dfrac{\sqrt{\pi}}{2} = \dfrac{\sqrt{2\pi}}{4}(1 - i)$

問 2.19 ℓ_1 上では, $\int_{\ell_1} f(z) dz = \int_{-R}^{-\varepsilon} \dfrac{e^{2ix} - 1}{x^2} dx$ $(x = -t$ とおくと$) = \int_\varepsilon^R \dfrac{e^{-2it} - 1}{t^2} dt$. ℓ_2 上では, $\int_{\ell_2} f(z) dz = \int_\varepsilon^R \dfrac{e^{2ix} - 1}{x^2} dx$. したがって, $\sin^2 x = \dfrac{1}{-4}(e^{2ix} + e^{-2ix} - $

2) より $\left(\int_{\ell_1}+\int_{\ell_2}\right)f(z)\,dz = -4\int_{\varepsilon}^{R}\frac{\sin^2 x}{x^2}dx \longrightarrow -4\int_{0}^{\infty}\frac{\sin^2 x}{x^2}dx$ ($R\to\infty,\varepsilon\to 0$). C_{ε} 上では，$\dfrac{dz}{d\theta}=i\varepsilon e^{i\theta}$ より $\int_{C_{\varepsilon}}f(z)\,dz = \int_{\pi}^{0}\dfrac{e^{2i\varepsilon e^{i\theta}}-1}{(\varepsilon e^{i\theta})^2}i\varepsilon e^{i\theta}\,d\theta = 2\int_{0}^{\pi}\dfrac{e^{2i\varepsilon e^{i\theta}}-1}{2i\varepsilon e^{i\theta}}d\theta \longrightarrow 2\int_{0}^{\pi}d\theta = 2\pi$ ($\varepsilon\to 0$). C_R 上では，$\dfrac{dz}{d\theta}=iRe^{i\theta}$ より $\left|\int_{C_R}f(z)\,dz\right| \le \dfrac{1}{R}\int_{0}^{\pi}\left(e^{-2R\sin\theta}+1\right)d\theta \le \dfrac{2}{R}\int_{0}^{\pi}d\theta = \dfrac{2\pi}{R} \longrightarrow 0$ ($R\to\infty$). よって，コーシーの積分定理より $\left(\int_{C_R}+\int_{\ell_1}+\int_{C_{\varepsilon}}+\int_{\ell_2}\right)f(z)\,dz = 0$ が成り立つので，$R\to\infty, \varepsilon\to 0$ とすると $\int_{0}^{\infty}\dfrac{\sin^2 x}{x^2}dx = \dfrac{2\pi}{4} = \dfrac{\pi}{2}$

問 3.1 (1) 4   (2) 1   (3) 0   (4) 0

問 3.2 $n>m$ のとき，$0<|x_n-x_m|=\dfrac{1}{(m+1)^2}+\dfrac{1}{(m+2)^2}+\cdots+\dfrac{1}{n^2} \le \dfrac{1}{m(m+1)}+\dfrac{1}{(m+1)(m+2)}+\cdots+\dfrac{1}{(n-1)n} = \left(\dfrac{1}{m}-\dfrac{1}{m+1}\right)+\left(\dfrac{1}{m+1}-\dfrac{1}{m+2}\right)+\cdots+\left(\dfrac{1}{n-1}-\dfrac{1}{n}\right) = \dfrac{1}{m}-\dfrac{1}{n}<\dfrac{1}{m}$ だから $\{x_n\}$ は $\boldsymbol{R}$ のコーシー列である

問 3.3 (1) 4   (2) $\dfrac{1}{e}+i$ (3) $\dfrac{1}{2}$

問 3.4 (1) $2-2i$ (2) $\dfrac{3}{2}+\dfrac{3}{4}i$ (3) $-\dfrac{1}{4}+\dfrac{5}{12}i$ (4) $\dfrac{11}{18}+\dfrac{1}{3}i$

問 3.5 (1) 発散   (2) 発散 ($1/\sqrt{n} \ge 1/n$ と例 3.7 を利用する)

問 3.6 (1) 絶対収束，極限値 i (2) 発散   (3) 絶対収束，極限値 $-\dfrac{14}{29}+\dfrac{23}{29}i$

問 3.7 (1) 絶対収束   (2) 発散   (3) 絶対収束

問 3.8 (1) 絶対収束   (2) 発散   (3) 絶対収束

問 3.9 $r=\lim\limits_{n\to\infty}\left|\dfrac{z_{n+1}}{z_n}\right|$ とする．どんなに小さな $\varepsilon>0$ に対しても，十分大きな自然数 n_0 がとれて，$n\ge n_0 \Longrightarrow \left|\left|\dfrac{z_{n+1}}{z_n}\right|-r\right|<\varepsilon$ とできる．このとき，$r-\varepsilon<\left|\dfrac{z_{n+1}}{z_n}\right|<r+\varepsilon$ より $(r-\varepsilon)|z_{n-1}|<|z_n|<(r+\varepsilon)|z_{n-1}|$ だから $(r-\varepsilon)^{n-n_0}|z_{n_0}|<|z_n|<(r+\varepsilon)^{n-n_0}|z_{n_0}|$，すなわち $(r-\varepsilon)^{1-\frac{n_0}{n}}|z_{n_0}|^{\frac{1}{n}}<\sqrt[n]{|z_n|}<(r+\varepsilon)^{1-\frac{n_0}{n}}|z_{n_0}|^{\frac{1}{n}}$ が成り立つ．ここで，$n\to\infty$ とすると，$(r\pm\varepsilon)^{1-\frac{n_0}{n}}\to r\pm\varepsilon$ かつ $|z_{n_0}|^{\frac{1}{n}}\to 1$ だから，さらに十分大きな自然数 n_1 ($\ge n_0$) をとれば，$n\ge n_1 \Longrightarrow r-2\varepsilon<\sqrt[n]{|z_n|}<r+2\varepsilon$

134   答とヒント

すなわち $\left|\sqrt[n]{|z_n|} - r\right| < 2\varepsilon$ とできる．したがって，ε の任意性より $\lim_{n\to\infty} \sqrt[n]{|z_n|} = r$ がわかる

問 3.10 (1) 4   (2) $\dfrac{3}{2}$ (3) 1   (4) $\dfrac{1}{2}$

問 4.1 (1) $\sum_{n=0}^{\infty} \dfrac{1}{5^{n+1}} z^n$ $(|z| < 5)$ (2) $\sum_{n=0}^{\infty} \dfrac{1}{9^{n+1}} (z+4)^n$ $(|z+4| < 9)$

(3) $\sum_{n=0}^{\infty} \dfrac{(-4)^n}{3^{n+1}} z^n$ $(|z| < 3/4)$ (4) $\sum_{n=0}^{\infty} \dfrac{(-4)^n}{5^{n+1}} (z-1/2)^n$ $(|z-1/2| < 5/4)$

問 4.2 (1) $\dfrac{1}{2} \sum_{n=0}^{\infty} (n+2)(n+1) 3^n z^n$ $(|z| < 1/3)$

(2) $\dfrac{1}{2} \sum_{n=0}^{\infty} (n+2)(n+1)(-1)^n (z-1)^n$ $(|z-1| < 1)$

(3) $\sum_{n=0}^{\infty} (n+1) \dfrac{2^n}{3^{n+2}} z^n$ $(|z| < 3/2)$

(4) $\dfrac{1}{6} \sum_{n=0}^{\infty} (n+3)(n+2)(n+1) i^n (z-i)^n$ $(|z-i| < 1)$

問 4.3 (1) $e^{-i} \sum_{n=0}^{\infty} \dfrac{1}{n!} (z+i)^n$ $(z \in \boldsymbol{C})$ (2) $e^{-3} \sum_{n=0}^{\infty} \dfrac{3^n}{n!} (z+1)^n$ $(z \in \boldsymbol{C})$

(3) $\sum_{n=0}^{\infty} \dfrac{(-1)^n}{(2n)!} (z-\pi/2)^{2n}$ $(z \in \boldsymbol{C})$

(4) $\sum_{n=1}^{\infty} \dfrac{(-1)^{n-1} 2^{2n-1}}{(2n)!} z^{2n}$ $(z \in \boldsymbol{C})$

問 4.4 (1) $\dfrac{1}{2} \sum_{n=0}^{\infty} (-1)^n \left(1 - \dfrac{1}{3^{n+1}}\right) z^n$ $(|z| < 1)$ (2) $\sum_{n=0}^{\infty} (-1)^n (z+i)^{2n}$ $(|z+i| < 1)$

問 4.5 (1) $-\sum_{n=-1}^{\infty} z^n$ $(0 < |z| < 1)$, $\sum_{n=2}^{\infty} \dfrac{1}{z^n}$ $(|z| > 1)$

(2) $\sum_{n=-1}^{\infty} \dfrac{(-1)^{n+1}}{2^{n+2}} (z-3)^n$ $(0 < |z-3| < 2)$, $\sum_{n=2}^{\infty} \dfrac{(-2)^{n-2}}{(z-3)^n}$ $(|z-3| > 2)$

(3) $\sum_{n=-1}^{\infty} (-i)^n (z+i)^n$ $(0 < |z+i| < 1)$, $\sum_{n=2}^{\infty} \dfrac{-i^n}{(z+i)^n}$ $(|z+i| > 1)$

(4) $\sum_{n=-1}^{\infty} \dfrac{i^n}{2^{n+2}} (z-3i)^n$ $(0 < |z-3i| < 2)$, $\sum_{n=2}^{\infty} \dfrac{(-2i)^{n-2}}{(z-3i)^n}$ $(|z-3i| > 2)$

問 4.6 (1) $\sum_{n=-3}^{\infty} (n+4)(-1)^{n+1} (z-1)^n$ $(0 < |z-1| < 1)$

(2) $\sum_{n=0}^{\infty} \dfrac{(-1)^{n+1}}{(2n+1)!} (z-\pi)^{2n}$ $(|z-\pi| > 0)$ (3) $\sum_{n=-1}^{\infty} \dfrac{(-1)^{n+1}}{(2n+2)!} \dfrac{1}{z^{2n}}$ $(|z| > 0)$

(4) $\sum\limits_{n=-2}^{\infty} \dfrac{1}{(n+3)!} z^n$ $(|z|>0)$

問 4.7 $f(z)$ のローラン展開を $f(z)=\sum\limits_{n=-\infty}^{\infty} b_n(z-a)^n$, $b_n = \dfrac{1}{2\pi i}\int_{|\zeta-a|=r}\dfrac{f(\zeta)}{(\zeta-a)^{n+1}}\,d\zeta$ $(0<r<R)$ とする. $f(z)$ は有界だから $|f(\zeta)|\leqq M$ をみたす正数 $M>0$ がとれる. このとき, $m=1,2,\cdots$ に対して, $|b_{-m}|\leqq \dfrac{1}{2\pi}\int_{|\zeta-a|=r}|f(\zeta)||\zeta-a|^{m-1}|d\zeta| \leqq Mr^m \longrightarrow 0$ $(r\to 0)$ だから $b_{-m}=0$ $(m=1,2,\cdots)$. よって, $f(a)=b_0$ と定めると, $0<|z-a|<R$ で $f(z)=\sum\limits_{n=0}^{\infty}b_n(z-a)^n$ と書ける

問 4.8 (1) $\mathrm{Res}\,(f;i)=\dfrac{1}{2}$ (2) $\mathrm{Res}\,(f;\pi)=\dfrac{1}{6}$ (3) $\mathrm{Res}\,(f;0)=\dfrac{1}{6}$
(4) $\mathrm{Res}\,(f;0)=\dfrac{1}{24}$

問 4.9 (1) $\mathrm{Res}\,(f;0)=-\dfrac{1}{2}$ (2) $\mathrm{Res}\,(f;-3)=-\dfrac{1}{2}$ (3) $\mathrm{Res}\,(f;-i)=\dfrac{i}{3}$
(4) $\mathrm{Res}\,(f;3i)=-\dfrac{i}{2}$

問 4.10 $f_2(a)=0$ より
$$\mathrm{Res}\,(f;a)=\lim_{z\to a}\left((z-a)\dfrac{f_1(z)}{f_2(z)}\right)=\lim_{z\to a}\dfrac{f_1(z)}{\dfrac{f_2(z)-f_2(a)}{z-a}}=\dfrac{f_1(a)}{f_2'(a)}$$

問 4.11 問 4.9 と同じ

問 4.12 (1) $\mathrm{Res}\,(f;1)=\dfrac{1}{8}$, $\mathrm{Res}\,(f;3)=-\dfrac{1}{8}$
(2) $\mathrm{Res}\,(f;i/2)=-\dfrac{12}{625}$, $\mathrm{Res}\,(f;-2i)=\dfrac{12}{625}$

問 4.13 (1) πi (2) $-\pi$ (3) $\dfrac{14\pi i}{5}$ (4) $\dfrac{1+2i}{2}\pi$

問 4.14 (1) $\dfrac{2\pi i}{27}$ (2) $\dfrac{\pi}{8}$ (3) $\dfrac{9\pi i}{e^3}$ (4) $-\pi i$

問 4.15 (1) πi (2) $\dfrac{\pi i}{12}$

問 4.16 (1) $f(z)=\dfrac{1}{(z-1/3)(z-3)}$, $\mathrm{Res}\,(f;1/3)=-\dfrac{3}{8}$,
積分 $= \dfrac{-2}{3i}\int_{|z|=1}f(z)\,dz = \dfrac{-2}{3i}\cdot 2\pi i\cdot\mathrm{Res}\,(f;1/3)=\dfrac{\pi}{2}$
(2) $f(z)=\dfrac{1}{(z+i/3)(z+3i)}$, $\mathrm{Res}\,(f;-i/3)=\dfrac{3}{8i}$,

積分 = $\dfrac{2}{3}\displaystyle\int_{|z|=1} f(z)\,dz = \dfrac{2}{3}\cdot 2\pi i \cdot \mathrm{Res}\,(f;-i/3) = \dfrac{\pi}{2}$

(3) $f(z) = \dfrac{z}{(z+1/2)^2(z+2)^2}$, $\mathrm{Res}\,(f;-1/2) = \dfrac{5\cdot 2^2}{3^3}$,

積分 = $\dfrac{1}{4i}\displaystyle\int_{|z|=1} f(z)\,dz = \dfrac{1}{4i}\cdot 2\pi i \cdot \mathrm{Res}\,(f;-1/2) = \dfrac{10}{27}\pi$

(4) $f(z) = \dfrac{(z+i)^2}{z(z+1/3)(z+3)}$, $\mathrm{Res}\,(f;0) = -1, \mathrm{Res}\,(f;-1/3) = 1 + \dfrac{3}{4}i$,

積分 = $\dfrac{-1}{3}\displaystyle\int_{|z|=1} f(z)\,dz = \dfrac{-1}{3}\cdot 2\pi i \cdot (\mathrm{Res}\,(f;0) + \mathrm{Res}\,(f;-1/3)) = \dfrac{\pi}{2}$

問 4.17 $z = e^{i\theta}$ ($\theta : 0 \to 2\pi$) とおくと, $p + q\cos\theta = \dfrac{q}{2z}\left(z^2 + \dfrac{2p}{q}z + 1\right)$ より

$I = \dfrac{2}{qi}\displaystyle\int_{|z|=1} f(z)\,dz,\ f(z) = \dfrac{1}{z^2 + \dfrac{2p}{q}z + 1}$. 一方, $z^2 + \dfrac{2p}{q}z + 1 = 0$ の解は

$\alpha = \dfrac{-p - \sqrt{p^2 - q^2}}{q}$, $\beta = \dfrac{-p + \sqrt{p^2 - q^2}}{q}$. $p > q > 0$ より $\alpha < \beta < 0$. また, $\alpha\beta = 1$ より $\alpha < -1 < \beta < 0$. したがって, $|z| < 1$ における $f(z) = \dfrac{1}{(z-\alpha)(z-\beta)}$ の特異点は 1 位の極 $z = \beta$ のみである. $\mathrm{Res}\,(f;\beta) = \dfrac{1}{\beta - \alpha} = \dfrac{q}{2\sqrt{p^2 - q^2}}$ だから留数定理より $I = \dfrac{2}{qi}\cdot 2\pi i \cdot \mathrm{Res}\,(f;\beta) = \dfrac{2\pi}{\sqrt{p^2 - q^2}}$

問 4.18 $2\pi\dfrac{(2n-1)(2n-3)\cdots 5\cdot 3\cdot 1}{(2n)(2n-2)\cdots 6\cdot 4\cdot 2} = 2\pi\dfrac{(2n-1)!!}{(2n)!!}$

問 4.19 (1) $f(z) = \dfrac{1}{z^2 + \alpha^2}$, $\mathrm{Res}\,(f;\alpha i) = \dfrac{1}{2\alpha i}$, 積分 $= 2\pi i \cdot \mathrm{Res}\,(f;\alpha i) = \dfrac{\pi}{\alpha}$

(2) $f(z) = \dfrac{1}{(z^2+4)(z^2+9)}$, $\mathrm{Res}\,(f;2i) = \dfrac{1}{4i}\dfrac{1}{5}$, $\mathrm{Res}\,(f;3i) = \dfrac{-1}{5}\dfrac{1}{6i}$,

積分 $= 2\pi i \cdot (\mathrm{Res}\,(f;2i) + \mathrm{Res}\,(f;3i)) = \dfrac{\pi}{30}$

(3) $f(z) = \dfrac{f_1(z)}{f_2(z)}$, $f_1(z) = 1$, $f_2(z) = z^4 + \alpha^4$ とおく. $f_2(z) = 0$ の解は $z_k = \alpha e^{i\frac{1+2k}{4}\pi}$ ($k = 0, 1, 2, 3$) だから, $f(z)$ の上半平面上の特異点は 1 位の極 z_0, z_1 のみである. 一方, 問 4.10 の公式より $\mathrm{Res}\,(f;z_k) = \dfrac{f_1(z_k)}{f_2'(z_k)} = \dfrac{1}{4z_k^3} = \dfrac{z_k}{4z_k^4} = \dfrac{z_k}{-4\alpha^4}$ だから, 留数定理より, 積分 $= 2\pi i \cdot (\mathrm{Res}\,(f;z_0) + \mathrm{Res}\,(f;z_1)) = \dfrac{\sqrt{2}\pi}{2\alpha^3}$

(4) $f(z) = \dfrac{f_1(z)}{f_2(z)}$, $f_1(z) = z^2$, $f_2(z) = z^4 + 1$ とおく. $f_2(z) = 0$ の解は $z_k = e^{i\frac{1+2k}{4}\pi}$ ($k = 0, 1, 2, 3$) だから, $f(z)$ の上半平面上で特異点は 1 位の極 z_0, z_1 のみで

ある．一方，問 4.10 の公式より $\mathrm{Res}\,(f;z_k) = \dfrac{f_1(z_k)}{f_2'(z_k)} = \dfrac{z_k{}^2}{4z_k{}^3} = \dfrac{z_k{}^3}{4z_k{}^4} = -\dfrac{1}{4}z_k{}^3$ だから，留数定理より，積分 $= 2\pi i \cdot (\mathrm{Res}\,(f;z_0) + \mathrm{Res}\,(f;z_1)) = \dfrac{\sqrt{2}}{2}\pi$

問 4.20 (1) $f(z) = \dfrac{z^2}{(z^2+3^2)^2}$, $\mathrm{Res}\,(f;3i) = \dfrac{1}{12i}$, 積分 $= 2\pi i \cdot \mathrm{Res}\,(f;3i) = \dfrac{\pi}{6}$

(2) $f(z) = \dfrac{1}{(z^2+\alpha^2)^3}$, $\mathrm{Res}\,(f;\alpha i) = \dfrac{3}{2^4\alpha^5 i}$, 積分 $= 2\pi i \cdot \mathrm{Res}\,(f;\alpha i) = \dfrac{3\pi}{8\alpha^5}$

(3) $f(z) = \dfrac{z^4}{(z^2+2^2)^3}$, $\mathrm{Res}\,(f;2i) = \dfrac{3}{2^5 i}$, 積分 $= 2\pi i \cdot \mathrm{Res}\,(f;2i) = \dfrac{3\pi}{16}$

(4) $f(z) = \dfrac{1}{(z^2+\alpha^2)^4}$, $\mathrm{Res}\,(f;\alpha i) = \dfrac{5}{2^5\alpha^7 i}$, 積分 $= 2\pi i \cdot \mathrm{Res}\,(f;\alpha i) = \dfrac{5\pi}{16\alpha^7}$

問 4.21 (1) $f(z) = \dfrac{1}{z^2+\alpha^2}$, $\mathrm{Res}\,(f(z)e^{iz};\alpha i) = \dfrac{1}{2\alpha i}e^{-\alpha}$,

積分 $= \dfrac{1}{2} \cdot \mathrm{Re}\,\left(2\pi i \cdot \mathrm{Res}\,(f(z)e^{iz};\alpha i)\right) = \dfrac{\pi}{2\alpha e^{\alpha}}$

(2) $f(z) = \dfrac{1}{(z^2+2^2)^2}$, $\mathrm{Res}\,(f(z)e^{i\alpha z};2i) = \dfrac{2\alpha+1}{2^5 i}e^{-2\alpha}$,

積分 $= \dfrac{1}{2} \cdot \mathrm{Re}\,\left(2\pi i \cdot \mathrm{Res}\,(f(z)e^{i\alpha z};2i)\right) = \dfrac{(2\alpha+1)\pi}{32 e^{2\alpha}}$

(3) $f(z) = \dfrac{z+1}{(z^2+1)^2}$, $\mathrm{Res}\,(f(z)e^{iz};i) = \dfrac{1-2i}{4}e^{-1}$,

積分 $= \mathrm{Im}\,\left(2\pi i \cdot \mathrm{Res}\,(f(z)e^{iz};i)\right) = \dfrac{\pi}{2e}$

(4) $f(z) = \dfrac{z}{(z^2+\alpha^2)^3}$, $\mathrm{Res}\,(f(z)e^{iz};i) = \dfrac{1}{2^3}e^{-1}$,

積分 $= \mathrm{Im}\,\left(2\pi i \cdot \mathrm{Res}\,(f(z)e^{iz};i)\right) = \dfrac{\pi}{4e}$

問 4.22 (1) $f(z) = \dfrac{1}{8z+1}$, $\mathrm{Res}\,(f(z)z^{-1/3};-1/8) = \dfrac{1}{4}e^{-i\frac{\pi}{3}}$,

積分 $= \dfrac{\pi e^{i\frac{\pi}{3}}}{\sin\frac{\pi}{3}} \cdot \mathrm{Res}\,(f(z)z^{-1/3};-1/8) = \dfrac{\sqrt{3}}{6}\pi$

(2) $f(z) = \dfrac{1}{(z+9)^2}$, $\mathrm{Res}\,(f(z)z^{-1/2};-9) = \dfrac{-1}{2\cdot 3^3}e^{-i\frac{3}{2}\pi}$,

積分 $= \dfrac{\pi e^{i\frac{\pi}{2}}}{\sin\frac{\pi}{2}} \cdot \mathrm{Res}\,(f(z)z^{-1/2};-9) = \dfrac{\pi}{54}$

(3) $f(z) = \dfrac{z}{(z+1)^2}$, $\mathrm{Res}\,(f(z)z^{-3/2};-1) = \dfrac{1}{3}e^{-i\frac{2}{3}\pi}$,

積分 $= \dfrac{\pi e^{i\frac{2}{3}\pi}}{\sin\frac{2}{3}\pi} \cdot \mathrm{Res}\,(f(z)z^{-3/2};-1) = \dfrac{2\sqrt{3}}{9}\pi$

(4) $f(z) = \dfrac{1}{(z+1)^3}$, $\operatorname{Res}(f(z)z^{-1/2}; -1) = \dfrac{3}{2^3}e^{-i\frac{\pi}{2}}$,

積分 $= \dfrac{\pi e^{i\frac{\pi}{2}}}{\sin\frac{\pi}{2}} \cdot \operatorname{Res}(f(z)z^{-1/2}; -1) = \dfrac{3}{8}\pi$

問 4.23 (1) $f(z) = \dfrac{1}{z^2+2^2}$, $\operatorname{Res}(f(z)\operatorname{Log} z; 2i) = \dfrac{1}{4i}\left(\log 2 + i\dfrac{\pi}{2}\right)$,

積分 $= -\pi \cdot \operatorname{Im}(\operatorname{Res}(f(z)\operatorname{Log} z; 2i)) = \dfrac{\pi}{4}\log 2$

(2) $f(z) = \dfrac{1}{(z^2+1)^2}$, $\operatorname{Res}(f(z)\operatorname{Log} z; i) = \dfrac{1}{2^2 i^3}\left(1 - i\dfrac{\pi}{2}\right)$,

積分 $= -\pi \cdot \operatorname{Im}(\operatorname{Res}(f(z)\operatorname{Log} z; i)) = -\dfrac{\pi}{4}$

(3) $f(z) = \dfrac{1}{(z^2+2^2)^2}$, $\operatorname{Res}(f(z)\operatorname{Log} z; 2i) = \dfrac{1}{2^5 i^3}\left(1 - \left(\log 2 + i\dfrac{\pi}{2}\right)\right)$,

積分 $= -\pi \cdot \operatorname{Im}(\operatorname{Res}(f(z)\operatorname{Log} z; 2i)) = \dfrac{\pi}{32}(-1 + \log 2)$

(4) $f(z) = \dfrac{f_1(z)}{f_2(z)}$, $f_1(z) = 1$, $f_2(z) = z^4+1$ とおく. $f_2(z) = 0$ の解は $z_k = e^{i\frac{1+2k}{4}\pi}$ ($k = 0, 1, 2, 3$) だから, $f(z)$ の上半平面上の特異点は 1 位の極 z_0, z_1 のみである. 一方, 問 4.10 の公式より $\operatorname{Res}(f(z)\operatorname{Log} z; z_k) = \dfrac{\operatorname{Log} z_k}{4z_k^3} = \dfrac{z_k \operatorname{Log} z_k}{4z_k^4} = -\dfrac{1}{4}z_k \operatorname{Log} z_k$ だから,

留数定理より, 積分 $= -\pi \cdot \operatorname{Im}(\operatorname{Res}(f(z)\operatorname{Log} z; z_0) + \operatorname{Res}(f(z)\operatorname{Log} z; z_1)) = -\dfrac{\sqrt{2}}{16}\pi^2$

問 4.24 $\displaystyle\int_0^\infty f(x)\left((\log x)^2 + (\log x + i\pi)^2\right)dx = 2\pi i \sum_{k=1}^n \operatorname{Res}(f(z)(\operatorname{Log} z)^2; a_k)$

すなわち

$\displaystyle\int_0^\infty f(x)(\log x)^2\,dx = \dfrac{\pi^2}{2}\int_0^\infty f(x)\,dx - \pi \cdot \operatorname{Im}\left(\sum_{k=1}^n \operatorname{Res}(f(z)(\operatorname{Log} z)^2; a_k)\right)$

問 4.25 (1) $f(z) = \dfrac{1}{(z+1/3)^2}$, $\operatorname{Res}(f(z)(\log z)^2; -1/3) = -6(-\log 3 + i\pi)$,

積分 $= \dfrac{1}{3^2}\dfrac{-1}{2}\operatorname{Re}\left(\operatorname{Res}(f(z)(\log z)^2; -1/3)\right) = -\dfrac{\log 3}{3}$

(2) $f(z) = \dfrac{1}{(z+2)^3}$, $\operatorname{Res}(f(z)(\log z)^2; -2) = \dfrac{1}{(-2)^2}(1 - (\log 2 + i\pi))$,

積分 $= -\dfrac{1}{2}\operatorname{Re}\left(\operatorname{Res}(f(z)(\log z)^2; -2)\right) = \dfrac{1}{8}(-1 + \log 2)$

(3) $f(z) = \dfrac{z}{(z+1)^3}$, $\operatorname{Res}(f(z)(\log z)^2; -1) = -(1 + i\pi)$,

積分 $= -\dfrac{1}{2}\operatorname{Re}\left(\operatorname{Res}(f(z)(\log z)^2; -1)\right) = \dfrac{1}{2}$

(4) $f(z) = \dfrac{f_1(z)}{f_2(z)}$, $f_1(z) = 1$, $f_2(z) = z^3+1$ とおく. $f_2(z) = 0$ の解は $z_k = e^{i\frac{1+2k}{3}\pi}$ ($k = 0, 1, 2$) だから, $f(z)$ の特異点は 1 位の極 z_0, z_1, z_2 のみである. 一方, 問 4.10 の

公式より $\operatorname{Res}(f(z)(\log z)^2; z_k) = \dfrac{(\log z_k)^2}{3z_k{}^2} = \dfrac{z_k(\log z_k)^2}{3z_k{}^3} = -\dfrac{1}{3}z_k(\log z_k)^2$ だから，留数定理より，積分 $= -\dfrac{1}{2}\operatorname{Re}\bigl(\operatorname{Res}(f(z)(\log z)^2; z_0) + \operatorname{Res}(f(z)(\log z)^2; z_1)$ $+ \operatorname{Res}(f(z)(\log z)^2; z_2)\bigr) = -\dfrac{2\pi^2}{27}$

問 A.1 $f(z)$ は連続だから，$f(z)$ は $\overline{D}$ で最大値，最小値をとる．したがって，$|f(z)|$ は定数でない限り D の内点で最大値をとりえないから ∂D で最大値をとる

問 A.2 (i) $g(z) = \dfrac{f(z)}{z}$ $(0 < |z| < R)$ とおくと，$g(z)$ は $z \neq 0$ で正則である．$f(0) = 0$ より $\lim_{z\to 0} g(z) = \lim_{z\to 0} \dfrac{f(z) - f(0)}{z - 0} = f'(0)$ だから，$z = 0$ は $g(z)$ の除去可能な特異点である．$g(0) = f'(0)$ とおくと，$g(z)$ は $|z| < R$ で正則である．$0 < r < R$ に対して，$g(z)$ は $|z| \leqq r$ で正則だから問 A.1 より $|z| \leqq r$ において $|g(z)| \leqq \max_{|\zeta|=r}|g(\zeta)| = \max_{|\zeta|=r}\dfrac{|f(\zeta)|}{|z|} \leqq \dfrac{M}{r}$ となる．ここで，$r \to R$ とすると，$|z| < R$ において $|g(z)| \leqq \dfrac{M}{R}$ すなわち $|f(z)| \leqq \dfrac{M}{R}|z|$ が成り立つ

(ii) 1 点 z_0 で $|f(z_0)| = \dfrac{M}{R}|z_0|$ すなわち $|g(z_0)| = \dfrac{M}{R}$ とすると，定理 A.13 より $g(z) \equiv$ 定数．よって，ある適当な実数 t がとれて $g(z) = \dfrac{f(z)}{z} = \dfrac{M}{R}e^{it}$ と書ける

索引

あ行

一様収束, 118
一致の定理, 126
オイラーの公式, 9

か行

開集合, 12
外点, 11
外部, 11
ガウス平面, 4
各点収束, 118
境界, 11
境界点, 11
共役複素数, 1
極, 92
極形式, 5
虚軸, 4
虚数単位, 1
虚部, 1
近傍, 10
区分的になめらかな曲線, 36
グリーンの定理, 38
原始関数, 41
項別積分, 77
項別微分, 78
コーシーの積分定理, 43
コーシーの積分表示, 47
コーシー・リーマンの関係式, 30
孤立点, 11

孤立特異点, 91

さ行

最大絶対値の原理, 126
実関数, 13
実軸, 4
実部, 1
集積点, 11
収束円, 74
収束半径, 74
主部, 92
主要部, 92
シュワルツの補題, 127
純虚数, 1
除去可能な特異点, 91
真性特異点, 92
整関数, 50
整級数, 72
正則, 28
絶対収束級数, 67

た行

代数学の基本定理, 51
多価関数, 15
単純閉曲線, 37
単連結, 42
調和関数, 33
特異点, 91
ド・モアブルの公式, 8

な行

内点, 11

内部, 11

は行

複素関数, 13
複素級数, 62
複素数, 1
複素数列, 56
複素積分, 39
複素微分, 28
複素平面, 4
閉曲線, 36
閉集合, 12
閉包, 11
閉領域, 12
べき級数, 72
べき級数展開, 76
偏角, 6

ま行

モレラの定理, 45

ら行

ラプラス方程式, 33
リューヴィルの定理, 50
留数, 93
留数定理, 97
領域, 12
零点, 96, 125
テイラー展開, 81
連結, 12
ローラン展開, 86

著者略歴

香田 温人(こうだ あつひと)
学歴　東京工業大学大学院理工学研究科修士課程修了
現在　徳島大学准教授　工学博士
著書　理工系微分方程式の基礎（共著，学術図書出版社）

小野 公輔(おの こうすけ)
学歴　九州大学大学院理学研究科博士課程修了
現在　徳島大学教授　理学博士
著書　理工系の線形代数学入門（共著，サイエンス社）

初歩からの 複素解析(しょほからの ふくそかいせき)

2005 年 3 月 30 日　第 1 版　第 1 刷　発行
2016 年 9 月 30 日　第 1 版　第 7 刷　発行

著　者　　香田温人
　　　　　小野公輔
発行者　　発田寿々子
発行所　　株式会社　学術図書出版社

〒113-0033　東京都文京区本郷 5 丁目 4 の 6
TEL 03-3811-0889　振替 00110-4-28454
印刷　サンエイプレス（有）

定価はカバーに表示してあります．

本書の一部または全部を無断で複写（コピー）・複製・転載することは，著作権法でみとめられた場合を除き，著作者および出版社の権利の侵害となります．あらかじめ，小社に許諾を求めて下さい．

© 2005　A. KOUDA, K. ONO　Printed in Japan
ISBN978-4-87361-283-6　C3041